普通高等教育基础课系列教材

U0219508

数学软件与数学实验

徐美林 徐婕 编

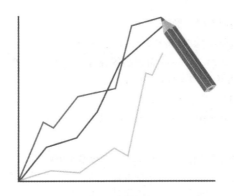

机 械 工 业 出 版 社

本书是为应用型本科院校各专业学生学习数学实验课程编写的教材，主要内容分为三大部分：首先介绍常用的数学软件与数学实验；然后从 MATLAB 基础知识、程序设计、矩阵运算、绘图、数值运算、符号运算及概率统计 7 个方面介绍 MATLAB 在"高等数学""线性代数"以及"概率论与数理统计"课程中的应用；最后基于学生的上机需求给出了 8 个综合实验. 读者在学习了本书之后，能很快掌握 MATLAB 软件的主要功能及常用函数，并能用 MATLAB 解决实际生活中遇到的问题.

　　本书可以作为高等学校各专业专科生、本科生及工程技术人员学习 MATLAB 或数学实验课程的教材或参考书.

图书在版编目（CIP）数据

数学软件与数学实验/徐美林，徐婕编 . －－北京：
机械工业出版社，2024.9. －－（普通高等教育基础课系
列教材）. －－ISBN 978 - 7 - 111 - 76182 - 2

　　Ⅰ. O245；O13 - 33

中国国家版本馆 CIP 数据核字第 20244UN095 号

机械工业出版社（北京市百万庄大街 22 号　邮政编码 100037）
策划编辑：汤　嘉　　　　　　责任编辑：汤　嘉
责任校对：樊钟英　薄萌钰　　封面设计：张　静
责任印制：单爱军
保定市中画美凯印刷有限公司印刷
2024 年 9 月第 1 版第 1 次印刷
184mm ×260mm · 16 印张 · 396 千字
标准书号：ISBN 978-7-111-76182-2
定价：49.80 元

电话服务　　　　　　　　　　网络服务
客服电话：010-88361066　　机 工 官 网：www.cmpbook.com
　　　　　010-88379833　　机 工 官 博：weibo.com/cmp1952
　　　　　010-68326294　　金 书 网：www.golden-book.com
封底无防伪标均为盗版　　机工教育服务网：www.cmpedu.com

前　言 ━━━━━━━

近年来，随着信息技术的飞速发展，数学软件与数学实验教学在教育领域内的重要性日益凸显，各地方教育部门积极响应，出台了一系列政策，旨在推动这一领域的创新与进步．在这一背景下，MATLAB、Maple、Mathematica、SAS、SPSS 等软件成为了数学实验教学不可或缺的工具，它们为数学实验提供了强大的支持．

在学习数学软件与数学实验课程时，学生已经掌握了高等数学、线性代数等基础知识，但由于数学定义和概念比较抽象、内容多且复杂、知识涉及面深而广，导致学生难以将数学知识转化为实际操作能力．特别是在上机实践中，缺乏适合应用型本科院校学生特点的实验教材，导致学生难以独立完成实验任务．为解决这一难题，本书应运而生，作为一套专为应用型本科教学设计的新形态教材，旨在通过优化教学内容与方式，激发学生对数学软件与数学实验的兴趣，提升其实践能力．

本书精心编排内容，分为三大板块：首先，概述了常用数学软件及数学实验的基本概念；随后，从 MATLAB 基础知识、程序设计、矩阵运算、绘图、数值运算、符号运算及概率统计 7 个方面详尽介绍 MATLAB 中的常见函数及其使用方法，引导学生掌握利用MATLAB 进行数学实验的技能；最后，结合学生实际需求，设计了 8 个综合实验，以巩固所学知识，提升实践操作能力．本书的第 1 章和第 9 章由徐婕编写，第 2 章至第 8 章由徐美林编写．全书的网络学习资源建设和统稿工作由徐美林负责．

本书特色鲜明：

1. 针对性强：针对应用型本科人才培养目标，结合学生实际情况，精选教学内容，增加应用案例，并基于 MATLAB 2020 版本进行修订与更新，确保教学内容的前沿性与实用性．

2. 资源丰富：配套网络学习资源，为学生提供丰富的拓展材料，满足不同层次学生的学习需求．

3. 贴近教学一线：编者凭借丰富的教学经验，深入了解应用型本科院校学生的学习需求，融合国内外经典教材精髓，确保教学内容的准确性与前瞻性．

在编写过程中，编者始终秉持"立德树人"的教育理念，注重学生创新精神、实践能力和终身学习意识的培养．同时，力求语言简洁明了，内容深入浅出，既注重理论知识的传授，又强调实践能力的培养．我们衷心希望，通过本书的学习，学生能够显著提升应用数学知识解决实际问题的能力，成长为具有创新精神和实践能力的优秀人才，为国家的繁荣富强贡献自己的力量．

本书的编写和出版工作得到了北京科技大学天津学院教育教学改革与研究项目资助，在此表示感谢．同时，也诚挚恳请广大读者提出宝贵意见与建议，共同推动数学软件与数学实验教学事业的不断发展．

编　者

目 录

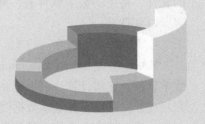

第 1 章

概　述

　　本章主要介绍常用数学软件以及数学实验相关的概念. 通过本章的学习, 了解常用数学软件, 了解什么是数学实验、为什么要做数学实验、如何做数学实验以及数学实验的基本步骤.

1.1 数学软件

数学软件就是专门用来进行数学运算、数学规划、统计运算、工程运算或绘制数学图形的软件. 常用的数学软件有: MATLAB、Mathematica、Maple、MathCAD、SAS、SPSS、R 语言、LINGO 等.

1. MATLAB 软件

MATLAB 是 Matrix Laboratory 的缩写, 原意为矩阵工厂 (矩阵实验室), 是一款优秀的数学软件, 它将计算、可视化和编程等功能同时集于一个易于开发的环境. MATLAB 是一个交互式开发系统, 其基本数据要素是矩阵, 它的表达式与数学、工程计算中常用的形式十分相似, 适合于专业科技人员的思维方式和书写习惯; 它用解释方式工作, 编写程序和运行同步, 输入程序立即得到结果, 因此人机交互更加简洁和智能化; 而且, MATLAB 可适用于多种平台, 随着计算机软、硬件的更新而及时升级, 使得编程和调试效率大大提高.

MATLAB 主要应用于数学计算、系统建模与仿真、数据分析、机器学习、信号处理、图像处理、计算机视觉、通信、计算金融、控制设计、机器人等, 它已经成为高等数学、线性代数、自动控制理论、数理统计、数字信号处理等课程的基本工具. 各国高校也纷纷将MATLAB 正式列入本科生和研究生课程的教学计划中, 成为学生必须掌握的基本软件之一. 在设计和研究部门, MATLAB 也被广泛用来研究和解决各种工程问题. 本书将以 MATLAB R2020a 平台为基础进行介绍. MATLAB R2020a 程序界面如图 1-1 所示.

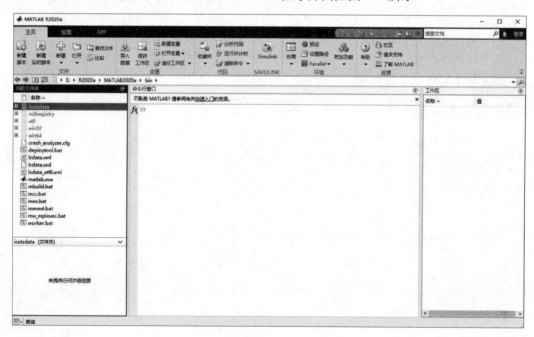

图 1-1　MATLAB R2020a 程序界面

2. Mathematica 软件

Mathematica 是一款科学计算软件, 它很好地结合了数值和符号计算引擎, 图形系统、编程语言、文本系统和与其他应用程序的高级连接等很多功能在相应领域内处于世界领先地位. 它也是使用最广泛的数学软件之一. Mathematica 的发布标志着现代科技计算的开始. 自从 1988 年发布以来，它被广泛应用于数学、机器学习、计算几何、图像计算等许多领域.

Mathematica 具有将近 6000 个内置函数，它可以自动地完成许多复杂的计算工作，如各种多项式的计算（四则运算、展开、因式分解）、有理式的计算；它可以求多项式方程、有理式方程和超越方程的精确解和近似解；进行数值和一般表达式的向量和矩阵的各种计算. Mathematica 还可以求解一般函数表达式的极限、导函数、积分以及进行幂级数展开、求解某些微分方程；可以进行任意位的整数的精确计算、分子和分母为任意位整数的有理数的精确计算（四则运算、乘方等）；可以进行任意精确度的数值（实数值或虚数值）的计算.

Mathematica 使用独特、灵活的文档界面，使用户可以快速整理文本、可运行代码、动态图形和用户界面等文档中的任何内容. Mathematica12 程序界面如图 1-2 所示.

图 1-2 Mathematica12 程序界面

3. Maple 软件

Maple 是一种计算机代数系统，是世界上最为通用的数学和工程计算软件之一，在数学和科学领域享有盛誉，有"数学家的软件"之称. Maple 在全球拥有数百万用户，被广泛地应用于科学、工程和教育等领域.

Maple 系统内置高级技术解决建模和仿真中的数学问题，包括世界上最强大的符号计算、无限精度数值计算、创新的互联网连接、强大的 4GL 语言等，内置超过 5000 个计算命令，数学和分析功能覆盖几乎所有的数学分支，如微积分、微分方程、特殊函数、线性代数、图像声音处理、统计、动力系统等.

Maple 软件主要由三部分组成：用户界面、代数运算器、外部函数库. 用户界面负责输入命令和算式的初步处理、结果显示、函数图像的显示等. 代数运算器负责输入编译、基本代数运算，如有理数运算、初等代数运算，还负责内存管理. 在 Maple 软件中，用户能够直接使用传统数学符号进行输入，也可以定制个性化的界面. Maple 采用字符行输入方式，输入时需要按照规定的格式，虽然与一般常见的数学格式不同，但灵活方便，也很容易理解. 输出则可以选择字符方式和图形方式. 产生的图形结果可以很方便地剪贴到 Windows 应用程序内. Maple2020 程序界面如图 1-3 所示.

图 1-3　Maple2020 程序界面

4. MathCAD 软件

MathCAD 是一款工程计算软件，作为工程计算的全球标准，MathCAD 与专有的计算工具和电子表格不同，它允许工程师利用详尽的应用数学函数和动态、可感知单位的计算来同时设计和记录工程计算. 因此，MathCAD 在很多科技领域中承担着复杂的数学计算、图形显示和文档处理任务，是工程技术人员不可多得的有力工具.

MathCAD 支持适用于机械、电气和土木工程用途的一整套专业库，而且提供针对求解与优化、数据分析、信号处理、图像处理和小波分析的扩展包. 经过 20 年发展，MathCAD 从早期的简单有限功能发展到现在的代数运算、线性及非线性方程求解与优化、常微分方程、偏微分方程、统计、金融、信号处理、图像处理等许多方面，并提供丰富的接口可以调用第三方软件的功能，利于自行扩展和利用别的软件扩展功能.

MathCAD 易学易用，无须特殊的编程技能，独特的可视化格式和便笺式界面将直观、标准的数学符号、文本和图形均集成到一个工作表中. 当输入一个数学公式、方程组、矩阵等，计算机将直接给出计算结果，而无须去考虑中间计算过程. 设计工程师可以使用 Math-CAD 作为电子白板，在屏幕上的任意地方编写公式和文本. 它可以使用多种数学格式显示内容、提供各种内置的运算符、执行规范的数学计算，并包含各种制图和可视化功能. MathCAD15.0 程序界面如图 1-4 所示.

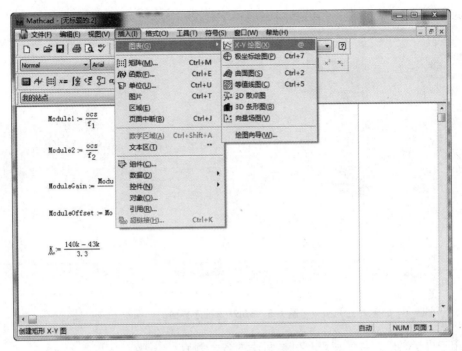

图 1-4　MathCAD15.0 程序界面

5. SAS 软件

SAS 是 Statistical Analysis System 的缩写，意为"统计分析系统"，是用于决策支持的大型信息集成系统，是当前最重要的专业统计软件之一.

SAS 软件是一个模块化、集成化的大型应用软件系统，它由多个功能模块组合而成，其基本部分是 BASE SAS 模块. BASE SAS 模块是 SAS 系统的核心，承担着主要的数据管理任务，并管理用户使用环境，进行用户语言的处理，调用其他 SAS 模块和产品. 除了基本部分 BASE SAS 模块，它还包含 SAS/STAT（统计分析模块）、SAS/GRAPH（绘图模块）、SAS/QC（质量控制模块）、SAS/ETS（经济计量学和时间序列分析模块）、SAS/OR（运筹学模块）、SAS/IML（交互式矩阵程序设计语言模块）、SAS/FSP（快速数据处理的交互式菜单系统模块）、SAS/AF（交互式全屏幕软件应用系统模块）等三十多个大小模块，其功能包括客户机/服务器计算、数据访问、数据存储及管理、应用开发、图形处理、数据分析、报告编制、质量控制、项目管理、运筹学方法、计量经济学与预测等，实际使用时可以根据需要选择相应的模块.

SAS 软件把数据存取、管理、分析和展现有机地融为一体，提供了从基本统计量的计算到各种试验设计的方差分析、相关回归分析以及多变量分析的多种统计分析过程，几乎囊括了所有最新分析方法，其分析技术先进、可靠.

SAS 软件系统的易用性很强，运行方式有窗口模式、行交互模式、非交互模式和批处理模式四种，其编程语句简洁、短小，通常只需很短的几个语句就可完成一些复杂的运算并得到满意的结果. SAS9.3 程序界面如图 1-5 所示.

6. SPSS 软件

SPSS 是 Statistical Package for the Social Sciences 的缩写，意为"社会科学统计软件包"，

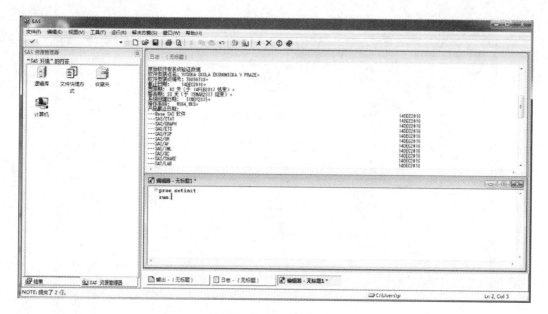

图 1-5　SAS9.3 程序界面

主要应用于自然科学、技术科学、社会科学的各个领域.

　　SPSS 突出的特点就是操作界面极为友好，输出结果美观漂亮，它以 Windows 窗口方式展示各种管理和分析数据的功能，利用对话框展示出各种功能选择项，只要掌握一定的 Windows 操作技能，粗通统计分析原理，就可以使用该软件为特定的科研工作服务，它是非专业统计人员首选的统计软件. SPSS22 程序界面如图 1-6 所示.

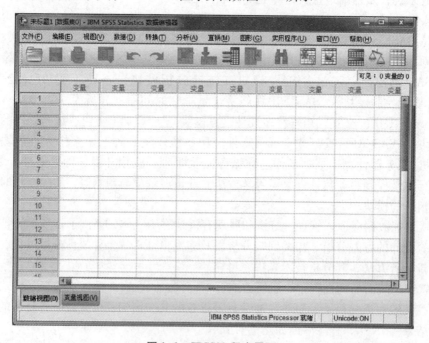

图 1-6　SPSS22 程序界面

SPSS 由多个模块构成，其中 SPSS Base 为必需的基本模块，管理整个软件平台，管理数据访问、数据处理和输出，并能进行多种常见的基本统计分析（如描述统计和行列计算），还包括在基本分析中最受欢迎的常见统计功能（如汇总、计数、交叉分析、分类比较、描述性统计、因子分析、回归分析及聚类分析等）. 其余模块分别用于完成某一方面的统计分析功能，它们均需要挂接在 Base 上运行.

7. R 语言

R 语言是用于统计分析、绘图的语言和操作环境，是一个自由、免费、源代码开放的软件. R 语言是统计领域广泛使用的 S 语言的一个分支，可以认为 R 语言是 S 语言的一种实现. 而 S 语言是一种用来进行数据探索、统计分析和作图的解释型语言.

R 语言是一套由数据操作、计算和图形展示功能整合而成的软件系统，包括有效的数据存储和处理功能，一套完整的数组（特别是矩阵）计算操作符，拥有完整体系的数据分析工具，为数据分析和显示提供的强大图形功能，一套（源自 S 语言）完善、简单、有效的编程语言（包括条件、循环、自定义函数、输入输出功能）.

R 语言的使用，很大程度上是借助各种各样的 R 包的辅助，从某种程度上讲，R 包就是针对 R 语言的插件，不同的插件满足不同的需求，例如用于经济计量、财经分析、人文科学研究以及人工智能. R 语言的基本图形用户界面（RGui）如图 1-7 所示.

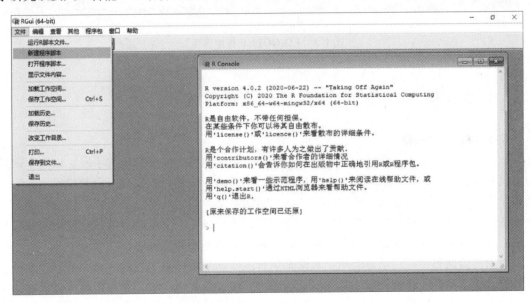

图 1-7　RGui 程序界面

8. LINGO 软件

LINGO 是 Linear Interactive and General Optimizer 的缩写，即"交互式的线性和通用优化求解器". LINGO 是求解最优化问题的专业软件包，它在求解各种大型线性、非线性、凸面和非凸面规划、整数规划、随机规划、动态规划、多目标规划、圆锥规划及半定规划、二次规划、二次方程、二次约束及双层规划等方面有明显的优势.

LINGO 软件的内置建模语言提供了丰富的内部函数，从而能以较少的语句、直观的方式描述大规模的优化模型. 它的运算速度快，计算结果可靠，能方便地与 Excel、数据库等其他软件交换数据，这无疑使 LINGO 成为解决优化问题、统计分析问题的最佳选择.

LINGO 提供了一个创建和求解优化问题的交互式环境. 多窗口编辑器方便简单问题的输入、预览和修改. LINGO18.0 程序界面如图 1-8 所示.

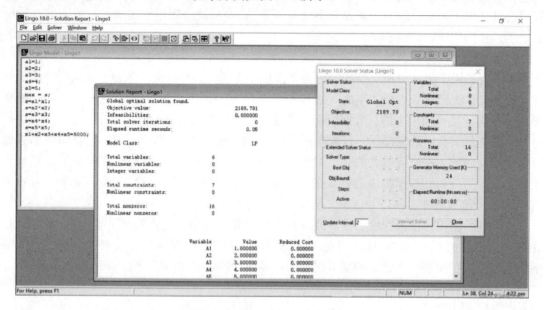

图 1-8　LINGO18.0 程序界面

1.2　数学实验

1. 什么是数学实验

数学实验是以问题为载体，应用数学知识建立数学模型，以计算机为手段，以数学软件为工具，通过实验解决实际问题. 数学实验是数学模型方法的初步实践，而数学模型方法是用数学模型解决实际问题的一般数学方法，它是根据实际问题的特点和要求，做出合理的假设，使问题简化，并进行抽象概括建立数学模型，然后研究求解所建立的数学模型的方法与算法，利用数学软件求解数学模型，最后将所得的结果运用到实践中.

数学实验课程是提高学习者运用数学知识解决实际问题的基本技能，培养学习者的科学计算能力、建模技能和综合素质的一门通识课程. 该课程将引导学习和应用功能强大的数学软件和微分方程、插值、拟合、优化、统计、图论等数学建模知识，提高学习者运用数学知识并借助于软件工具分析和解决实际问题的能力，培养创新意识和创新能力.

2. 数学实验的一般步骤

数学实验一般都具有开放性，学生能对问题进行推广，甚至问题的结果具有不确定性，给学生充分的想象空间，以发挥他们的聪明才智. 学生在分析问题、解决问题的同时，体会发现和创造的乐趣.

数学实验一般包括以下几个步骤：

1）分析问题：对所给现实问题进行观察、分析，做必要的简化、假设和抽象，确定主要变量、参数等.

2）建立数学模型：建立变量、参数之间的数学关系（即数学模型）.

3）设计算法：找出求所建数学模型的解的算法，并写出相应的程序.

4）应用、检验：通过上机运行程序，检验结果是否合理.

5）总结：撰写总结报告，重点阐述数学模型的建立过程及应用、检验的结果.

小知识： 数学实验使用的主要仪器是计算机. 计算机的运行速度是衡量计算机水平的主要指标之一. 全球超级计算机 Top500 排行榜每半年更新一次. 近年来，在技术研发和产业应用的共同推动下，中国超级计算机快速发展.

2014 年 11 月 17 日公布的全球超级计算机 500 强榜单中，中国"天河二号"以比第二名美国"泰坦"快近一倍的速度连续第四次获得冠军. 2015 年 5 月，"天河二号"上成功进行了 3 兆粒子数中微子和暗物质的宇宙学 N 体数值模拟，揭示了宇宙大爆炸 1600 万年之后约 137 亿年的漫长演化进程. 同时这是当时（2015 年）为止世界上粒子数最多的 N 体模拟；2010—2015 年，"天河二号"超级计算机连续六年在全球超级计算机 500 强榜单中以每秒 3.386×10^{16} 次计算称雄.

2016 年 6 月 20 日，新一期全球超级计算机 500 强榜单公布，使用中国自主芯片制造的"神威·太湖之光"取代"天河二号"登上榜首. 值得一提的是，"神威·太湖之光"计算机不仅仅性能强大，在美国对中国超级计算机开展封锁之后，国内获得高性能 HPC 芯片的来源基本被截断了，但"神威·太湖之光"已经全部使用国产 CPU 处理器.

习　题　1

1. 常用的数学软件有哪些?
2. 常用的统计分析软件有哪些?
3. 简述数学实验的一般步骤.

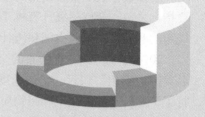

第 2 章

MATLAB 基础

　　本章主要介绍 MATLAB 的开发环境和基本知识，包括 MATLAB 程序界面、搜索路径、工具箱、帮助系统、常用文件格式以及 MATLAB 语言的数据类型和常用数学函数等．通过本章学习，读者可以对 MATLAB 有初步的了解并可进行简单的操作．

2.1　MATLAB 程序界面

MATLAB 既是一种计算机语言，又是一个编程环境. 本节将介绍 MAT-LAB 使用环境中常见窗口的功能和使用方法.

MATLAB R2020a 启动后的运行界面称为 MATLAB 的工作界面，它是一个高度集成的工作界面，程序界面的上面部分包括由"主页""绘图"和"APP"三个选项卡组成的功能区，程序界面的下面部分包括当前文件夹窗口、命令行窗口、工作区窗口等，如图 2-1 所示.

窗口布局

图 2-1　MATLAB R2020a 程序界面

2.1.1　功能区

有别于传统的菜单栏形式，MATLAB R2020a 以功能区的形式显示各种常用的功能按钮. 它将常用的功能分别放置在三个选项卡中，下面分别介绍这三个选项卡.

1. 主页选项卡

主页选项卡是默认选项卡，包含文件、变量、代码、SIMULINK、环境和资源六个分区，每个分区中包含若干与分区功能相关的命令按钮，如图 2-2 所示.

图 2-2　主页选项卡

2. 绘图选项卡

选择"绘图"选项卡，显示关于图形绘制的常用功能，包含所选内容、绘图：x 和选项三个分区，如图 2-3 所示.

当在工作空间中新建一个变量之后，比如新建变量"变量 x". 选中工作空间中"变量 x"之后，在"所选内容"分区将会出现"变量 x"，同时"绘图：x"分区的绘图命令按钮变亮，处于可用状态，选择不同的绘图命令可显示不同的图形."选项"分区中，"重用图窗"表示下一次绘制的图形将覆盖当前的图形窗口，"新建图窗"表示当前图窗不会被覆盖，下一次绘制的图形会在新建的图窗中显示出来.

图 2-3　绘图选项卡

3. APP 选项卡

选择"APP（应用程序）"选项卡，显示与应用程序相关的功能按钮，包含文件和 APP 两个分区，如图 2-4 所示.

图 2-4　APP 选项卡

2.1.2　命令行窗口

1. 命令行窗口功能

MATLAB 有许多使用方法，但是首先需要掌握的是 MATLAB 的命令行窗口（Command Window）的基本表现形式和操作方式. 可以把命令行窗口看成"草稿本"或"计算器". 在命令行窗口输入 MATLAB 的命令和数据后按回车键，立即执行运算并显示结果.

命令行窗口

对于简单的问题或一次性问题，在命令行窗口中直接输入求解很方便，若求解复杂问题，仍然采用这种方法（即输入一行，执行一行）就显得烦琐笨拙. 这时可编写 M 文件，即将语句一次全部写入文件，并将该文件保存到 MATLAB 搜索路径的目录中，然后在命令行窗口中用文件名调用.

在命令行窗口中，显示的"＞＞"为提示符，表示 MATLAB 编译器正等待用户输入，所有 MATLAB 命令或函数都要在这个提示符后面输入.

注意： 在本书的例题中，凡是带有提示符"＞＞"的命令均表示是在命令行窗口中输入并执行的，上机操作时只需输入提示符"＞＞"后面的内容即可.

【例 2-1】 在命令行窗口输入命令，并查看结果.

```
>>a = 3 + 9                    % 输入命令按回车键，立即执行运算并显示结果
a =
    12
>>sin(a)                       % 利用函数 sin 进行计算
ans =
   -0.5366
>>b = 'hello,中国！'           % 字符串用单引号"括起来
b =
hello,中国！
>>c = sin(pi/2) + exp(2);      % 命令后面加";"，不显示运行结果
>>if b < 0  d = true           % if…else…end 为选择结构语句体
else e = true
end
e =
    1
```

程序说明：

1）命令行窗口内不同的命令采用不同的颜色，默认输入的命令、表达式以及计算结果等采用黑色字体，字符串采用赫红色，关键字采用蓝色，注释采用绿色；如例 2-1 中的变量 a 是数值，b 是字符串，e 为逻辑"True"，命令行中的"if""else""end"为关键字，"%"后面的是注释.

2）在命令行窗口中如果输入命令或函数的开头一个或几个字母，按【Tab】键则会出现以该字母开头的所有命令函数列表，例如，输入"else"命令的开头字母"e"然后按【Tab】键时的显示如图 2-5 所示.

3）命令行后面的分号";"省略时，显示运行结果，否则只执行命令但不显示运行结果.

4）ans 是 answer 的缩写，是 MATLAB 中的默认结果变量. 当运行结果没有赋值给指定变量时，MATLAB 自动把最近一次的运行结果赋值给 ans.

5）MATLAB 命令行中标点符号必须在英文状态下输入，字符串中可以输入英文字母、汉字、中文标点等.

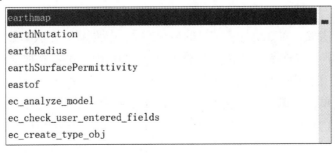

图 2-5　命令函数列表

MATLAB 的命令行窗口对某些输入错误的命令或函数具有自动更正的功能. 例如，假设将函数 plot( ) 错写成 polt( )，MATLAB 会显示如下信息：

> >> polt(x,y)
> 函数或变量' polt '无法识别.
> 是不是想输入：
> >> plot(x,y)

此时直接按回车键即可执行相应命令，不需重新输入命令.

在 MATLAB 中可以使用 clc（clear command window）命令清空命令行窗口中的所有显示内容.

2. 命令行窗口常用功能键

为了简化命令的输入，MATLAB 会自动记录你输入过的所有命令，通过使用功能键可以对已输入的命令进行回调、编辑和重新运行，命令行窗口中常用的功能键如表 2-1 所示.

表 2-1　命令行窗口常用功能键

按　键	功　能	按　键	功　能
↑	调用前一条命令	Home	光标移至行首
↓	调用后一条命令	End	光标移至行尾
←	光标左移一个字符	Ctrl + Home	光标移至命令行窗口首
→	光标右移一个字符	Ctrl + End	光标移至命令行窗口尾
Ctrl + ←	光标左移一个单词	ESC	清除当前行
Ctrl + →	光标右移一个单词	Back Space	删除光标左侧一个字符

3. 数值计算结果的显示格式

MATLAB 显示数值计算结果时，遵循一定的规则. 默认的情况下，当数值计算结果为整数时，MATLAB 将它作为整数显示；当数值计算结果是一般实数时，MATLAB 以小数点后 4 位小数的精度近似显示结果，即以"short"数值格式显示. 如果结果中的有效数字超出了这一范围，MATLAB 以科学记数法显示结果. 需要注意的是，数值的显示精度并不代表数值的存储精度.

用户可以根据需要，对数值计算结果的显示格式进行设置，方法如下：

1）在 MATLAB 主界面单击"主页"选项卡上"环境"分区中的"预设"命令，在弹出的"预设项"对话框中选择"命令行窗口"命令，在右侧的"数值格式"下拉菜单中选择输出格式，然后单击"确定"按钮即可，如图 2-6 所示.

2）另一种方式是在命令行窗口中使用"format"命令来设置数值显示结果.

表 2-2 列出了 MATLAB 中通过"format"命令提供的几种数值显示格式及示例.

15

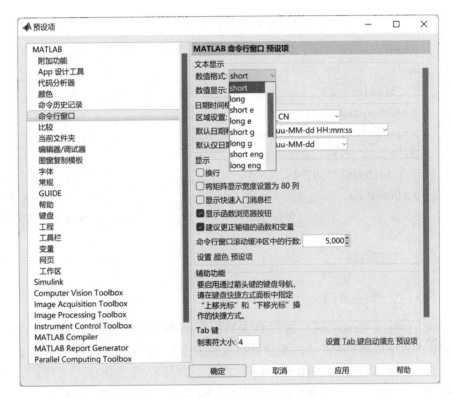

使用 format 设置
数值显示格式

图 2-6　命令行窗口设置

表 2-2　数据显示格式及示例

命　令	功　能	示　例
format format short	短固定十进制小数点格式，小数点后包含 4 位数，这是默认数值设置	pi 显示为 3.1416 pi * 1000 显示为 3.1416e + 003
format long	长固定十进制小数点格式，double 值的小数点后包含 15 位数，single 值的小数点后包含 7 位数	pi 显示为 3.141592653589793
format short e	短科学记数法，小数点后包含 4 位数	pi 显示为 3.1416e + 000
format long e	长科学记数法，double 值的小数点后包含 15 位数，single 值的小数点后包含 7 位数	pi 显示为 3.141592653589793e + 000
format short g	从 format short 和 format short e 中自动选择最佳记数方式显示	pi 显示为 3.1416
format long g	从 format long 和 format long e 中自动选择最佳记数方式显示	pi 显示为 3.141592653589793
format rat	近似有理数表示	pi 显示为 355/113
format hex	十六进制表示	pi 显示为 400921fb54442d18
format +	正数、负数、零分别用 +、–、空格表示	pi 显示为 + – pi 显示为 – 0 显示为空格
format bank	货币格式，小数点后包含 2 位数	pi 显示为 3.14
format compact	显示结果之间没有空行的紧凑格式	—
format loose	显示结果之间有空行的稀疏格式	—

【例2-2】 在命令行窗口输入数值，查看不同的显示格式.

```
>> pi                    % pi 表示圆周率，用 MATLAB 默认显示格式输出
ans =
    3.1416
>> format long
>> pi                    % format long 格式输出
ans =
    3.141592653589793
>> format rat
>> pi                    % format rat 格式输出，即用近似有理数表示圆周率
ans =
    355/113
```

2.1.3 工作区窗口

工作区（Workspace）窗口是 MATLAB 的变量管理中心. 运行 MAT-
LAB 的程序或命令时产生的变量被加入到工作区中，除非使用命令删除某
变量，否则该变量在关闭 MATLAB 之前一直保存在工作区. 工作区在
MATLAB 运行期间一直存在，关闭 MATLAB 后，工作区才会自动消除.

工作区窗口

利用工作区窗口可以观察工作区中变量的名称、值、大小和类别等信
息，不同类型的变量用不同的图标表示. 在工作区窗口还可以创建、删除、
保存、导入变量或修改变量的值. 右击工作区中变量列表的标题栏，在弹
出的快捷菜单中可选择显示变量的不同信息，如图2-7所示.

名称	值	大小	字节	类		
a1	0x0 cell	0x0	0	cell	✓ 名称	
a	1	1x1	8	double	✓ 值	
d	0	1x1	1	logical	✓ 大小	
y	1x1 sym	1x1	8	sym	✓ 字节	
z	1x1 sym	1x1	8	sym	✓ 类	
a2	'abc'	1x3	6	char	最小值	
c	'hello'	1x5	10	char	最大值	
b	[8,1,6;3,5,7;4,9,2]	3x3	72	double	极差	
					均值	
					中位数	
					众数	
					方差	
					标准差	

图2-7 工作区窗口

除了用工作区窗口管理变量，MATLAB 还提供了一些命令来管理工作区中的变量.

- who：将内存中的当前变量以简单的形式（只显示变量名）列出.
- whos：显示工作区中的所有变量信息，包括变量的名称、大小、数据类型等信息.
- class（变量名）：显示工作区中指定变量的数据类型.
- size（变量名）：显示工作区中指定变量的大小.
- length（变量名）：显示工作区中指定变量的最大维数. 若变量是向量，其结果就是向量中元素的个数；若变量是一个矩阵，其结果就是矩阵行和列的最大值. 如果 A 是一个 2 行 4 列的矩阵，则 length(A) = 4.
- disp（变量名）：显示工作区中指定变量的值.
- clear：清除内存中的所有变量与函数.
- clear var1 var2 …：清除内存中指定的变量.

【例 2-3】 定义三个变量 a，b，x 并分别赋值，然后查看工作区中的变量信息，最后清除变量 x.

```
>>a = 123; b = 'abc'; x = a + 1;        % 定义三个变量 a, b, x
>> whos
   Name        Size                          Bytes   Class
   a           1x1                               8    double
   b           1x3                               6    char
   x           1x1                               8    double
>> disp(x)                              % 显示变量 x 中的值
      124
>> clear x                              % 清除变量 x
>> who
您的变量为:
a           b
```

2.1.4　当前文件夹窗口和路径设置

在使用 MATLAB 的过程中，为了方便管理，用户应当建立自己的工作目录，即"当前文件夹"，用来保存或调用自己创建的相关文件. 当前文件夹（Current Folder）窗口实现了 MATLAB 对当前文件夹下的 M 文件、MAT 文件、MDL 文件等文件的管理. 当前文件夹窗口显示的文件信息包括文件名称、文件类型、修改日期、大小、内容描述等. 在当前文件夹窗口的某一文件上右击，弹出的快捷菜单中可以实现对文件的打开、运行、重命名、复制、删除等操作.

当前文件夹窗口

用户可以通过 MATLAB 程序界面中的"浏览文件夹"按钮来设置当前文件夹，如图 2-8 所示.

◆➡ 🗂🗂 📁 ▸ D: ▸ mywork   ▼

图 2-8　当前文件夹设置区

注意：通过上述方法设置的当前文件夹，只有在当前开启的 MATLAB 环境中有效．一旦 MATLAB 重新启动，必须重新设置当前文件夹．

2.1.5 命令历史记录窗口

在命令行窗口中，按【↑】键会弹出命令历史记录窗口，也可以通过"主页"选项卡上"环境"分区中的"布局"命令，选择"命令历史记录"→"停靠"，使命令历史记录窗口停靠在工作界面上．命令历史记录（Command History）窗口记录了所有执行过的命令及执行时间．在命令历史记录窗口中可以执行先前运行过的函数语句．如果执行单条函数语句，双击窗口中的函数语句即可；如果执行多条函数语句，使用【Shift】或【Ctrl】键并单击多条函数语句，然后右击，在弹出的快捷菜单中选择"执行所选内容"命令即可；如果将待执行的多条语句生成 M 文件，方法是使用【Shift】或【Ctrl】键并单击多条函数语句，然后右击，在弹出的快捷菜单中单击"创建脚本"命令，此时系统将启动编辑器并打开一个包含选中函数语句的 M 文件，该文件可以直接运行；如果要删除命令历史记录，则右击要删除的语句，在弹出的快捷菜单中单击相应的命令即可，如图 2-9 所示．

命令历史记录窗口

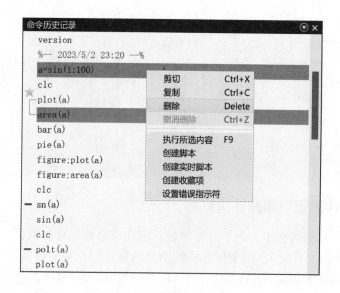

图 2-9 命令历史记录窗口

2.2 搜索路径

MATLAB 无论是文件还是函数和数据，运行时都是按照一定的顺序在搜索路径中搜索并执行的，如果要执行的内容不在搜索路径中，就会提示错误．

1. MATLAB 基本搜索过程

当用户在命令行窗口输入一个命令行，如输入"sin（x）"时，MATLAB 按照如下顺序进行搜索：

1）在 MATLAB 内存中进行检查，看"sin"和"x"是否为工作空间的变量或特殊变量，如果是，则返回该变量的值，否则转入步骤 2）.

2）检查"sin"和"x"是否为 MATLAB 的内部函数（Built - in Function），如果是，则执行该内部函数，否则转入步骤 3）.

3）在当前文件夹中检查是否有相应的".m"文件存在，如果有，则执行该文件，否则转入步骤 4）.

4）最后在 MATLAB 搜索路径的所有目录中，依次检查是否有相应的".m"文件存在，如果有，则执行该文件，否则给出出错信息.

由此可见，MATLAB 对文件进行操作时，如果文件不在当前文件夹下，则必须在搜索路径所指定的目录中，否则 MATLAB 将给出出错信息.

2. MATLAB 搜索路径的扩展与修改

假如用户有多个目录需要同时与 MATLAB 交换信息，或经常需要与 MATLAB 交换信息，那么就应该把这些目录放在 MATLAB 的搜索路径上，使得这些目录上的文件或数据能被调用；假如某个目录需要用来存放运行中产生的文件和数据，则应该把这个目录设为当前文件夹.

在 MATLAB 中可以使用 path 函数来查看、修改搜索路径，其命令的调用格式如下.

- path：显示 MATLAB 搜索路径，该路径存储在 pathdef. m 中.
- path（newpath）：将搜索路径更改为 newpath.
- path（oldpath，newfolder）：将 newfolder 文件夹添加到搜索路径的末尾. 如果 newfolder 已存在于搜索路径中，则将 newfolder 移至搜索路径的底层.
- path（newfolder，oldpath）：将 newfolder 文件夹添加到搜索路径的开头. 如果 newfolder 已经在搜索路径中，则将 newfolder 移到搜索路径的开头.

【例 2-4】 利用 path 函数查看、扩展搜索路径.

```
>> path('D:\mymatlabpath',path);      % 将 D:\mymatlabpath 添加到搜索路径的
                                         开头
>> path                                % 显示 MATLAB 搜索路径
   MATLABPATH
D:\mymatlabpath
D:\Program Files\Polyspace\R2020a\toolbox\matlab\capabilities
D:\Program Files\Polyspace\R2020a\toolbox\matlab\datafun
D:\Program Files\Polyspace\R2020a\toolbox\matlab\datatypes
D:\Program Files\Polyspace\R2020a\toolbox\matlab\elfun
……
```

除了使用 path 函数，还可以通过单击"主页"选项卡上"环境"分区中的"设置路径"命令，打开"设置路径"对话框来设置搜索路径，如图 2-10 所示.

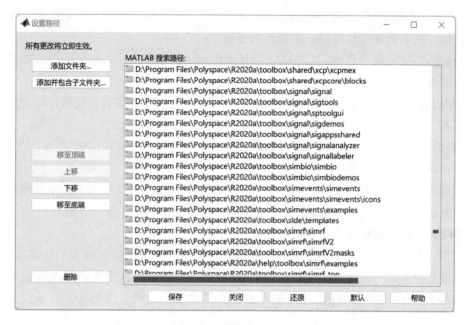

图 2-10 设置路径对话框

2.3 工具箱

　　MATLAB 工具箱（Toolbox）是一个专业家族产品. 工具箱实际上是 MATLAB 的 M 文件和高级 MATLAB 语言的集合,用于解决某一方面的专门问题或实现某一类的新算法. MATLAB工具箱可以任意增减,给不同领域的用户提供了丰富而强大的功能,每个人都可以生成自己的工具箱,因此很多研究成果被直接做成 MATLAB 工具箱发布,而且很多免费的 MATLAB 工具箱可以直接从互联网上获得. MATLAB 常用工具箱见表 2-3.

表 2-3　MATLAB 常用工具箱

分　　类	工　　具　　箱
AI、数据 科学和统计	深度学习工具箱（Deep Learning Toolbox）
	数据分析和机器学习工具箱（Statistics and Machine Learning Toolbox）
	曲线拟合工具箱（Curve Fitting Toolbox）
	文本分析工具箱（Text Analytics Toolbox）
数学和优化	优化工具箱（Optimization Toolbox）
	全局优化工具箱（Global Optimization Toolbox）
	符号数学工具箱（Symbolic Math Toolbox）
	地理信息处理工具箱（Mapping Toolbox）
	偏微分方程工具箱（Partial Differential Equation Toolbox）

（续）

分　类	工　具　箱
信号处理	信号处理工具箱（Signal Processing Toolbox）
	数字信号处理系统工具箱（DSP System Toolbox）
	音频处理工具箱（Audio Toolbox）
	小波分析工具箱（Wavelet Toolbox）
图像处理和计算机视觉	图像处理工具箱（Image Processing Toolbox）
	计算机视觉工具箱（Computer Vision Toolbox）
	医学影像工具箱（Medical Imaging Toolbox）
控制系统	控制系统工具箱（Control System Toolbox）
	系统辨识工具箱（System Identification Toolbox）
	预测性维护工具箱（Predictive Maintenance Toolbox）
	鲁棒控制工具箱（Robust Control Toolbox）
	模型预测控制工具箱（Model Predictive Control Toolbox）
	模糊逻辑工具箱（Fuzzy Logic Toolbox）
	强化学习工具箱（Reinforcement Learning Toolbox）

2.4　帮助系统

MATLAB 提供了强大的帮助系统，包括帮助命令、帮助文档、示例程序、在线帮助等.

1. 帮助命令 help 和 lookfor

在 MATLAB 的帮助系统中，最简洁、快捷的帮助方式是在命令行窗口中通过帮助命令对特定的内容（如某个函数的功能和使用方法）进行查询. 常用的帮助命令有 help 和 lookfor. help 命令的调用格式如下.

- help：显示与先前操作相关的帮助文本.
- help name：显示 name 指定的功能的帮助文本，例如函数、方法、类、工具箱或变量.

注意：一些帮助文本用大写字符显示函数名称，以使它们与其他文本区分开来. 输入这些函数名称时，请使用小写字符. 对于大小写混合显示的函数名称（例如 javaObject），请按帮助文本显示的样式键入名称.

上述调用格式中，name 表示功能名称，例如函数、方法、类、工具箱或变量的名称，也可以是运算符号（例如 +）. 如果 name 是变量，help 显示该变量的类的帮助文本. 要获取某个类的方法的帮助，请指定类名和方法名称（以句点分隔）. 例如，要获取 classname 类的 methodname 方法的帮助，请键入：help classname. methodname. 如果 name 出现在 MATLAB搜索路径上的多个文件夹中，help 将显示在搜索路径中找到的 name 的第一个实例的帮助文本.

【例 2-5】 help 命令使用示例.

> > x = 1;   > > y = sin(x);
> > help   % 显示与先前操作相关的帮助文本
> − − − sin 的帮助 − − −
> sin − 参数的正弦, 以弧度为单位
> ……(帮助文本较多, 此处省略, 读者可自行运行查看结果)
> > > help clear   % 显示 clear 的帮助文本
> clear − 从工作区中删除项目、释放系统内存
> 此 MATLAB 函数 从当前工作区中删除所有变量, 并将它们从系统内存中释放.
>   clear
>   clear name1 … nameN
> ……
> > > help x   % 显示变量 x 的类的帮助文本
> − − − double 的帮助 − − −
> double − 双精度数组
> ……
> > > help containers. Map   % 显示 containers 包、Map 类的帮助文本
> containers. Map −   将值映射到唯一键的对象
> Map
> 对象是允许您使用对应键检索值的数据结构体. 键可以是实数或字符向量. 因此, 相对于必须为正整数的数组索引, 键会使数据访问变得更灵活. 值可以是标量数组或非标量数组.
> ……

虽然 help 命令可以快速、方便地提供帮助文本, 但需提供准确的函数名称. 当不能确定函数名称时, help 就无能为力了. 这时可以使用 lookfor 命令, 它可以通过完整或部分关键词, 搜索出一组与之相关的命令的帮助信息. lookfor 查询原理是: 它对 MATLAB 索引路径中的每个 M 文件的注释区的第一行进行扫描, 一旦发现此行中含有所查询的关键字, 就会将该函数名及第一行注释全部显示在屏幕上. lookfor 命令的调用格式如下.

• lookfor keyword: 在 MATLAB 帮助文档中所有参考页的摘要行中搜索指定的关键字. 对于存在匹配项的所有参考页, lookfor 会显示链接, 指向该页的帮助文本和 H1 行.

• lookfor keyword − all: 搜索摘要行以及每个参考页的语法、描述、输入参数、输出参数和"另请参阅"章节. 对于存在匹配项的所有参考页, lookfor 会显示链接, 指向该页的帮助文本以及存在匹配的各个行.

2. 帮助文档

MATLAB 帮助文档给出的信息与帮助命令给出的信息内容一致, 但帮助文档给出的信息按目录编排, 比较系统, 更容易浏览与之相关的其他函数 (见图 2-11). 可以通过下面几种方式打开 MATLAB 帮助文档窗口:

• 单击"主页"选项卡上"资源"分区中的 图标.

• 按【F1】键.

- 在命令行窗口中输入命令"helpwin"或"doc".

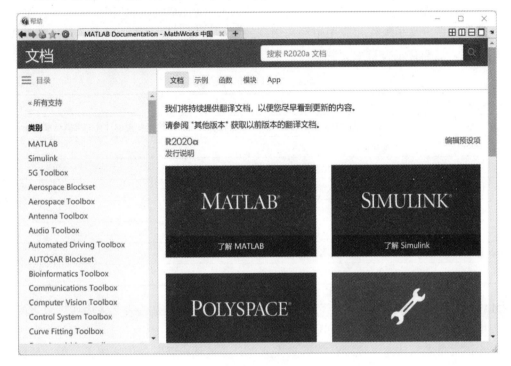

图 2-11　MATLAB 帮助文档窗口

3. 示例程序

MATLAB 主程序和各工具包都有设计很好的示例程序. 通过示例程序学习是一种很好的学习方法. 用户若想学习和掌握 MATLAB 不可不看这些示例程序.

打开"MATLAB 示例程序"的常用方法如下：

- 单击"主页"选项卡上"资源"分区中的"帮助"下拉菜单，然后点"示例".
- 在 MATLAB 命令行窗口中，运行"demo"命令.
- 在 MATLAB 帮助文档窗口中，选择"示例"面板.

2.5　数据类型

MATLAB 定义了 15 种基本数据类型，其中常用的数据类型主要是整型、浮点型、逻辑类型及字符型等. MATLAB 数据类型在使用中与其他编程语言相比，有一个突出的特点，即不用对变量的数据类型进行定义，MATLAB 软件会自动依据变量被赋值的情况，生成相应数据类型的数据. 本节将详细介绍 MATLAB 的主要数据类型及不同数据类型之间的转换.

2.5.1　常量与变量

1. 常量

在 MATLAB 中，常量和变量是最基本的语言元素. MATLAB 的数值常量采用传统的十进制表示，可带负号或小数点，也可以用科学计数法表示，如：2、−8、−0.134、3.875、

1. 245e − 12 等.

MATLAB 还提供了一些内部常量, 也可以理解为 MATLAB 默认的预定义变量, 如表 2-4 所示. 这些常量定义了编程和应用中经常用到的数据, 如虚数单位、圆周率等. 随着 MATLAB 的启动, 这些常量将自动加载.

表 2-4   MATLAB 内部常量

内 部 常 量	描　　述
ans	运算结果的默认变量名, MATLAB 会自动将无指定输出变量的计算结果默认赋给 ans
pi	圆周率
eps	表示浮点数的相对精度
Inf 或 inf	表示无穷大, 如 1/0
NaN 或 nan	表示不定值, 如 0/0 或 Inf/Inf 所得到的结果
i 或 j	虚数单位
realmax (realmin)	最大 (小) 正实数
nargin (nargout)	函数输入 (输出) 变量数目

MATLAB 内部常量不必声明, 可以直接调用. 值得指出的是, 表 2-4 中所列常量的意义是在表中变量名未被用户赋值的情况下才成立的. 假如用户对表中任何一个内部常量进行赋值, 那么该常量的默认意义或默认值就失去意义, 会被用户新赋的值所覆盖. 但这种覆盖是临时的, 如果用户使用 clear 命令将 MATLAB 内存变量清空或重新启动 MATLAB, 那么所有的内部常量又会恢复系统的默认值.

【例 2-6】   MATLAB 内部常量的调用与赋值.

```
>> clear all;             % 清除用户自定义的所有变量
>> pi                     % 查看 MATLAB 内部常量 pi
ans =
    3. 1416
>> pi = ans + 1. 2        % 给 MATLAB 内部常量 pi 重新赋值, 默认值会被临时覆盖
pi =
    4. 3416
>> clear all              % 重新清除用户自定义的所有变量
>> pi                     % 重新查看 MATLAB 内部常量 pi
ans =
    3. 1416
```

由例 2-6 运行结果可见, 在无指定输出变量时, 系统自动把值赋给了 ans. 通过对 pi 进行重新赋值, 默认值 pi 被临时覆盖, 清空内存后, pi 又恢复到系统默认值.

2. 变量

变量是数值计算的基本单元, MATLAB 变量使用时无须先对变量进行类型声明或维数声明. 当 MATLAB 遇到一个新的变量名, 就自动产生一个变量并分配一个合适的存储空间. 如果变量已经存在, MATLAB 自动用新内容改变变量原先的存储内容, 如果需要还会分配新

的存储空间.

MATLAB 中变量的命令规则有:

- 变量名区分字母大小写, 如 A 与 a 为两个不同的变量名, Pi 不代表圆周率.
- 变量名最多能包含 63 个字符, 如果超出限制范围, 从第 64 个字符开始, 其后的字符都将被忽略.
- 变量名必须以字母开头, 其后可以是任意数字、字母或下划线. 但不允许出现标点符号, 因为很多标点符号在 MATLAB 中有特殊的意义, 如 AB 与 A, B 会产生完全不同的结果, 系统会认为 A, B 中间的逗号为分隔符, 表示两个变量.
- 关键字 (如 if、while 等) 不能作为变量名.

2.5.2　逻辑型

MATLAB 中的逻辑型数据仅包括两个值: "0" 和 "1", 分别代表逻辑 "假" 和 "真". 逻辑类型主要用于关系运算和逻辑运算.

关系运算用于比较两个操作数的大小, 返回值为逻辑型变量. MATLAB 中关系运算符与一般的手写关系运算符有所区别, 常见关系运算符如表 2-5 所示.

表 2-5　MATLAB 关系运算符

运　算　符	含　　义	运　算　符	含　　义
>	大于	<	小于
> =	大于等于	< =	小于等于
==	等于	~ =	不等于

逻辑运算又称布尔运算, 通常用来测试真假值, 逻辑运算返回值为逻辑型变量. MATLAB 常用逻辑运算符和逻辑运算函数如表 2-6 所示.

表 2-6　MATLAB 常用逻辑运算符和逻辑运算函数

运算符或函数	描　　述
&	逻辑与运算符, & 两边的表达式的结果都为 1 时返回 1, 否则返回 0
|	逻辑或运算符, | 两边的表达式结果有一个为 1 时返回 1, 都为 0 时才返回 0
~	逻辑非运算符, ~会对表达式的结果进行取反操作. 表达式为 1 时返回 0, 为 0 时返回 1
and (A,B)	逻辑与运算函数, A 和 B 都为 1 时返回 1, 否则返回 0
or (A,B)	逻辑或运算函数, A 和 B 有一个为 1 时返回 1, 都为 0 时才返回 0
not (A)	逻辑非运算函数, A 为 1 时返回 0, A 为 0 时返回 1
xor (A,B)	异或运算函数, A 和 B 不同时返回 1, 相同时返回 0

【例 2-7】　逻辑类型数据在编程中的一些应用实例.

(1) if 语句的条件判断.

```
>> a = 6;
>> if a > 0              % 判断 a > 0 是否为逻辑真
      disp('大于 0')
   else
      disp('小于 0')
   end
```

（2）查找矩阵中符合一定条件的数据.

```
>> a = magic(4)
a =
    16     2     3    13
     5    11    10     8
     9     7     6    12
     4    14    15     1
>> a > 10              %查找矩阵中大于10的元素,大于10返回1,否则返回0
ans =
     1     0     0     1
     0     1     0     0
     0     0     0     1
     0     1     1     0
```

（3）逻辑运算

```
>> a = 3; b = 5; c = 6;
>> (a < b)&(b ~ = c)
ans =
     1
>> ~ a              %逻辑非运算,若a为0返回1,否则返回0
ans =
     0
```

2.5.3 数值型

MATLAB 数值型数据包括整数和浮点数,其中整数包括有符号整数和无符号整数,浮点数包括单精度型和双精度型. MATLAB 的整型数据主要用于图像处理等特殊的应用问题,以便节省空间或提高运行速度. 对一般数值运算,绝大多数情况下采用双精度浮点型的数据.

1. 整数

MATLAB 提供了 8 种内置的整数类型,不同的整数类型所占用的位数不同,因此所能表示的数值范围不同. 在实际应用中,为了在使用时提高运行速度和存储空间,应该尽量使用字节少的数据类型,使用类型转换函数可以强制将各种整数类型进行相互转换,表 2-7 中列出了各种整数类型的数值范围和转换函数.

表 2-7 MATLAB 中整数类型的数值范围及转换函数

数 据 类 型	数 值 范 围	转 换 函 数
无符号 8 位整数	$0 \sim 2^8 - 1$	uint8
有符号 8 位整数	$-2^{-7} \sim 2^7 - 1$	int8
无符号 16 位整数	$0 \sim 2^{16} - 1$	uint16

（续）

数据类型	数 值 范 围	转换函数
有符号 16 位整数	$-2^{-15} \sim 2^{15}-1$	int16
无符号 32 位整数	$0 \sim 2^{32}-1$	uint32
有符号 32 位整数	$-2^{-31} \sim 2^{31}-1$	int32
无符号 64 位整数	$0 \sim 2^{64}-1$	uint64
有符号 64 位整数	$-2^{-63} \sim 2^{63}-1$	int64

2. 浮点数

在 MATLAB 中，浮点数包括单精度浮点数（single）和双精度浮点数（double）. 其中双精度浮点数是 MATLAB 中默认的数据类型. 如果输入某个数据后没有指定数据类型，则默认为双精度浮点型，即 double 类型. 如果用户想得到其他类型的数据，可以通过转换函数进行转换. 表 2-8 列出了各种浮点数类型的数值范围和转换函数.

表 2-8　MATLAB 中浮点数类型的数值范围及转换函数

数 据 类 型	数 值 范 围	转 换 函 数
单精度浮点数	$-3.4028235 \times 10^{38} \sim 3.4028235 \times 10^{38}$	single
双精度浮点数	$-1.797693134862316 \times 10^{308} \sim 1.797693134862316 \times 10^{308}$	double

2.5.4　复数

MATLAB 支持在运算和函数中使用复数及复数矩阵，还支持复变函数运算. MATLAB 中默认用变量"i"或"j"来表示虚数单位，因此，在编程时不要和其他变量混淆.

可通过以下几种方式构造复数：

1）$z = a + b * i$ 或 $z = a + b * j$，当 b 为常数时可以省略乘号，如 $z = 1 + 2i$；

2）$z = complex(a,b)$；

3）利用复数指数形式，即 $z = r * exp(i * theta)$，其中辐角 theta 以弧度为单位，复数 z 的实部 $a = r * cos(theta)$，虚部 $b = r * sin(theta)$.

MATLAB 中关于复数的运算函数如表 2-9 所示.

表 2-9　MATLAB 中复数运算函数

函　数	功　能	函　数	功　能
real（z）	求复数 z 的实部	angle（z）	求复数 z 的辐角
imag（z）	求复数 z 的虚部	conj（z）	求复数 z 的共轭复数
abs（z）	求复数 z 的模	complex（a, b）	构造复数 $a + b * i$

【例 2-8】　复数的构造及运算.

```
>>z1 = 1 + 2 * i                        %直接构造复数
z1 =
    1.0000 + 2.0000i
```

```
>> z2 = complex(2,pi)                          %利用函数 complex 构造复数
z2 =
   2.0000 + 3.1416i
>> z3 = 2*exp(i*pi/3)                           %利用复数指数形式构造复数
z3 =
   1.0000 + 1.7321i
>> [real(z3),imag(z3),angle(z3),abs(z3)]  %求复数的实部、虚部、辐角、模
ans =
   1.0000    1.7321    1.0472    2.0000
```

2.5.5 字符串

MATLAB 中提供了字符串类型用于处理文本等字符型数据. 字符串可以理解为字符的数组, 字符串中的每个字符在 MATLAB 存储空间中与相应的 ASCII 码对应, 并且以行向量的方式进行存储, 因此可以通过使用下标访问数组元素的方式对字符串中的每个字符进行访问.

1. 字符串的输入

在 MATLAB 中, 用单引号 ('') 括起来一串字符表示字符串, 如 'abc', '123', 'magic (3)' 等都是字符串. 字符串的每个字符 (包括空格) 都是字符串的一个元素. 字符串中的字符是以 ASCII 码形式存储, 因此区分大小写. 把字符串赋值给变量即可实现字符串的输入.

【例 2-9】 字符串的输入.

```
>> s1 = 'I love my motherland '               %字符串的输入
s1 =
I love my motherland
>> s2 = '为全面推进中华民族伟大复兴而团结奋斗'    %输入中文字符
s2 =
为全面推进中华民族伟大复兴而团结奋斗
>> s3 = '请输入'' ABC ''和'' 123 '''             %使用两个单引号输入字符串
                                               中的单引号
s3 =
请输入' ABC '和' 123 '
```

2. 字符串的连接

字符串可以连接在一起组成更大的字符串. 字符串连接分为水平连接和垂直连接两种方式. 水平连接可以得到一个更长的字符串, 垂直连接得到的是一个字符串组或字符串矩阵.

1) 字符串水平连接.

在 MALTAB 中, 字符串水平连接有两种方法, 一种用中括号 [ ] 连接, 另一种用 strcat( ) 函数连接, 调用格式如下:

- T = [s1,s2,s3,…]：把字符串 s1，s2，s3，…水平连接，注意使用中括号 [ ] 进行字符串水平连接时，字符串 s1，s2，s3，…之间用逗号或空格分隔.
- T = strcat (s1,s2,s3,…)：把字符串 s1，s2，s3，…水平连接，得到更长的字符串 T.

【例 2-10】　字符串水平连接.

```
>> clear all;
>> s1 = ' I love ';
>> s2 = ' my father ';
>> s3 = ' and mother ';
>> s = [s1,s2,s3]              % 使用中括号[ ]水平连接字符串
s =
I love my father and mother
>> ss = strcat(s1,s2,s3)      % 使用 strcat( )函数水平连接字符串
ss =
I love my father and mother
```

通过例题运行结果可以发现，使用中括号 [ ] 和函数 strcat( ) 都可以实现字符串的水平连接，但连接结果有所区别：中括号 [ ] 把每个字符串原封不动地连接成一个大的字符串，包括每个字符串开头、中间和末尾的空格；而函数 strcat( ) 把字符串连接成一个大的字符串时，把每个字符串末尾的空格删除，只保留字符串开头和中间的空格.

2）字符串垂直连接.

在 MALTAB 中，字符串垂直连接也有两种方法，一种用中括号 [ ] 连接，另一种用 strvcat( ) 函数连接. 其中，用中括号 [ ] 进行垂直连接时，要求每个字符串的长度必须一样，否则出错. 调用格式如下：

（a）T = [s1;s2;s3;…]：把字符串 s1，s2，s3，…垂直连接. 注意使用中括号 [ ] 进行字符串垂直连接时，字符串 s1，s2，s3，…之间用分号分隔.

（b）T = strvcat (s1,s2,s3,…)：把字符串 s1，s2，s3，…垂直连接，得到字符串矩阵 T.

【例 2-11】　字符串垂直连接.

```
>> clear all;
>> s1 = ' love ';
>> s2 = ' family ';
>> s3 = '  love ';
>> v1 = [s1;s2]               % 使用中括号垂直连接长度不同的字符串
错误使用 vertcat
要串联的数组的维度不一致
>> v2 = [s3;s2]               % 使用中括号垂直连接长度相同的字符串
v2 =
```

```
        love
    family
     >> v3 = strvcat( s1 , s2 , s3 )  % 使用 strvcat( ) 垂直连接字符串
    v3  =
    love
    family
        love
```

通过例题运行结果可以发现，使用中括号 〔 〕 垂直连接长度不同的字符串时，会报错；而 strvcat( ) 函数会自动在非最长字符串右边补空格，把字符串长度补成一致，然后再进行连接.

3. 字符串与数值类型的互相转换

字符串与数值类型的互相转换包括数组与字符串的转换，1 ~ 127 的 ASCII 码值转换为字符，还有不同进制数据之间的转换等.

数组与字符串的转换通过 num2str( ) 和 str2num( ) 函数实现，具体使用方法如下.

- s = num2str(X)：把数值型数据 X 转换为字符型数据 s，默认情况下转换的数据精度为 5 位有效数字.
- s = num2str(X,N)：按照指定的数据精度把数值型数据 X 转换为字符型数据 s，N 为字符串中数据的有效位数.
- s = num2str(X,format)：按照 format 指定的数据格式转换数值型数据 X 到字符串类型数据 s.
- x = str2num(s)：字符串 s 转换为数值型数据 x.

【例 2-12】 字符串与数值类型的互相转换.

```
    >> a = rand( 3 ) ;          % 生成随机矩阵 a
    >> s = num2str( a )         % 矩阵 a 转换为字符串 s
    s  =
    0.95013        0.48598        0.45647
    0.23114        0.8913         0.018504
    0.60684        0.7621         0.82141
     >> s = num2str( a,3 )       % 矩阵 a 转换为字符串 s, 小数点后保留 3 位小数
    s  =
    0.950     0.486     0.456
    0.231     0.891     0.019
    0.607     0.762     0.821
     >> s = num2str( a,'% 3.2e ' )
    s  =
    9.50e - 0014.86e - 0014.56e - 001
    2.31e - 0018.91e - 0011.85e - 002
    6.07e - 0017.62e - 0018.21e - 001
```

另外，int2str（ ）函数和 str2int（ ）函数可以完成整型数据与字符串的转换，即取整型数据与字符串的转换．mat2str（ ）函数和 str2mat（ ）函数可以实现矩阵与字符串的转换，其用法类似于 num2str（ ）函数和 str2num（ ）函数，但不可以用于高维数组，可以参见 MATLAB 的帮助文档．ASCII 码值与字符之间的转换通过 char（ ）函数和 abs（ ）函数来实现．

4. 字符串的操作

字符串类型变量无论在任何编程环境中都是经常使用的，而 MATLAB 已为用户提供了丰富的函数直接处理字符串，包括字符串的判断、访问、查找、替换、比较、大小写转换、执行．下面详细介绍这些操作的实现．

1）字符串的判断．

- ischar（s）：判断变量 s 的数据类型是否为字符串，返回结果为逻辑变量，如果是则为 "1"，否则为 "0"．

- isletter（s）：判断字符串 s 中每个字符元素是否为字母，返回结果为逻辑型的向量，"1" 代表字符串相应位置的元素为字母，"0" 代表字符串相应位置的元素不为字母．

- isspace（s）：判断字符串 s 中每个字符元素是否为空格，返回结果为逻辑型的向量，"1" 代表字符串相应位置的元素为空格，"0" 代表字符串相应位置的元素不为空格．

【例 2-13】　字符串的判断．

```
>> str1 = ' ab123    AB#7 '        % 输入字符串 str1
str1 =
ab123    AB#7
>> ischar( str1)                    % 判断变量 str1 的数据类型是否为字符串
ans =
    1
>> isletter( str1)                  % 判断字符串 str1 中每个字符元素是否为字母
ans =
    1    1    0    0    0    0    0    1    1    0    0
>> isspace( str1)                   % 判断字符串 s 中每个字符元素是否为空格
ans =
    0    0    0    0    0    1    1    0    0    0    0
```

2）字符串的查找和替换．

- k = strfind(str,s)：在字符串 str 中查找字符 s，如存在则返回字符在字符串 str 中出现的下标，没有返回的 k 为空矩阵．

- k = findstr(s1,s2)：函数查找与被查找元素与其在函数中的顺序无关，即函数 findstr(s1,s2) 与 findstr(s2,s1) 结果是一样的，在长字符串中查找短字符串，存在则返回字符在字符串中出现的下标，没有返回的 k 为空矩阵．

- str = strrep(s1,s2,s3)：在字符串 s1 中查找字符串 s2 并将其替换为字符串 s3.

【例 2-14】　字符串的查找和替换．

```
>> s = ' How much wood would a woodchuck chuck? ';
>> strfind(s,'a')              %在字符串 s 中查找字母 a
ans =
    21
>> findstr(s,'wood')           %在字符串 s 中查找字符串 wood
ans =
    10    23
>> findstr('wood',s)           %和 findstr(s,'wood')结果一致
ans =
    10    23
>> strrep(s,'oo','ooo')        %把字符串 s 中 oo 替换为字符串 ooo
ans =
How much woood would a wooodchuck chuck?
```

3）字符串的比较.

• k = strcmp (s1,s2)：比较字符串 s1 和 s2 是否相同，如果相同则返回逻辑变量 "1"，如果不相同则返回 "0".

• k = strncmp (s1,s2,n)：比较字符串 s1 和 s2 前 n 个字符是否相同，如果相同则返回逻辑变量 "1"，如果不相同则返回 "0".

• k = strcmpi (s1,s2)：比较字符串 s1 和 s2 是否相同，不区分字符串字母的大小写，如果相同则返回逻辑变量 "1"，如果不相同则返回 "0".

【例 2-15】 字符串的比较.

```
>> s1 = ' MATLAB ';s2 = ' matlab ';s3 = ' matlab123 ';
>> strcmp(s1,s2)              %比较字符串 s1 和 s2 是否相同
ans =
     0
>> strncmp(s2,s3,6)          %比较字符串 s2 和 s3 前 n 个字符是否相同
ans =
     1
>> strcmpi(s1,s2)            %不区分字符串字母的大小写
ans =
     1
```

4）字符串的大小写转换.

• str = lower (s)：将字符串 s 中的大写英文字母全部转换为小写.

• str = upper (s)：将字符串 s 中的小写英文字母全部转换为大写.

5）字符串的执行.

eval( )函数可用于字符串表达式的执行，函数的具体用法如下.

• eval (expression)：用于在命令行执行 expression 中的字符串表达式.

- $[a1,a2,a3,\cdots] = \text{eval}('\,\text{function}(b1,b2,b3,\cdots)\,')$：其中"$\text{function}(b1,b2,b3,\cdots)$"为待执行的字符串表达式，"a1,a2,a3,…"为字符串表达式的输出结果.

【例 2-16】　字符串的执行.

```
>> eval('A = magic(3)');          %执行命令 A = magic(3)
A =
     8     1     6
     3     5     7
     4     9     2
>> [a,b] = eval('size(A)')        %执行命令 size(A)
a =
     3
b =
     3
```

2.6　常用数学函数

MATLAB 内置了一些基本数学函数，为用户进行数学计算提供方便. 常用的数学函数如表 2-10 所示.

表 2-10　常用的数学函数

函数名称	函数功能	函数名称	函数功能
sin(x)	正弦函数 $\sin x$	asin(x)	反正弦函数 $\arcsin x$
cos(x)	余弦函数 $\cos x$	acos(x)	反余弦函数 $\arccos x$
tan(x)	正切函数 $\tan x$	atan(x)	反正切函数 $\arctan x$
cot(x)	余切函数 $\cot x$	acot(x)	反余切函数 $\text{arccot} x$
sec(x)	正割函数 $\sec x$	asec(x)	反正割函数 $\text{arcsec} x$
csc(x)	余割函数 $\csc x$	acsc(x)	反余割函数 $\text{arccsc} x$
exp(x)	自然指数 e^x	log(x)	自然对数 $\ln x$
abs(x)	求变量 x 的绝对值 $|x|$	log2(x)	以 2 为底的对数 $\log_2 x$
sqrt(x)	求变量 x 的算术平方根 $\sqrt{x}$	log10(x)	以 10 为底的对数 $\log_{10} x$
floor(x)	求小于等于 x 的最大整数	mod(a,b)	计算 a 除以 b 的余数
ceil(x)	求大于等于 x 的最小整数	round(x)	四舍五入至最近整数

【例 2-17】　计算 $\sin(k\pi/2)(k = \pm 2,\ \pm 1,0)$ 的值.

```
>> x = -pi:pi/2:pi;
>> y = sin(x)
y =
   -0.0000   -1.0000        0    1.0000    0.0000
```

【例2-18】 计算 $e^{12} + 23^3 \log_2 5 \div \tan21$ 的值.

```
>> exp(12) + 23^3 * log2(5)/tan(21)
ans =
   1.4426e +005
```

【例2-19】 计算 $\log_3 100$ 的值.

```
>> log2(100)/log2(3)          % 利用换底公式求解
ans =
   4.1918
```

习 题 2

1. 下列表述正确的是（   ）.

（A） format long e 表示输出结果以 15 位数字表示.

（B） 命令 clear 表示清除当前窗口中的所有字符.

（C） MATLAB 中的变量名是区分字母大小写的.

（D） clc 表示清除内存中的所有变量.

2. 下列叙述不正确的是（   ）.

（A） M 文件中的 % 的含义是标明注释.

（B） 在 MATLAB 所输入的命令后如果输入分号，则不显示执行结果.

（C） MATLAB 的变量不能以数字开头的字符串来表示.

（D） 如果对已定义的变量名重新赋值，则变量名原来的内容将自动被保存.

3. 下列哪个变量的定义是不合法的（   ）.

（A） a – 3   （B） x_2   （C） clc_1   （D） a3b4

4. 下面哪个运算符为关系运算符（   ）.

（A） +   （B） .*   （C） ==   （D） &

5. MATLAB 可以输入字母、汉字，但是 M 文件中标点符号必须在_____状态下输入.

6. 显示工作区中所有变量的命令是_____.

7. 正确输入表达式 $\dfrac{1}{x} + e^x \sin\pi x + \ln x$ 的命令是：_____.

8. MATLAB 中常用的帮助命令有_____和_____.

9. 设 str1 = '我爱'，str2 = '我的祖国'，则命令 [str1，str2] 显示的结果是_____
_____.

10. 用不同的数据格式显示自然底数 e 的值，并说出各个数据格式之间有什么相同与不同之处.

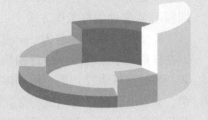

第 **3** 章

MATLAB 程序设计

    MATLAB 作为一门优秀的编程语言也同其他高级语言一样，可以进行复杂程序的设计. 本章我们将学习 MATLAB 程序设计的相关知识，主要包括 M 文件和 MATLAB 控制语句. MATLAB 支持各种程序控制语句，如顺序语句、循环语句、条件语句和选择语句等.

应用拓展_成绩评定

趣味游戏_猜数字

3.1　M 文件

在实际应用中，直接在 MATLAB 的命令行窗口中输入简单的命令并不能够满足用户的所有需求，因此 MATLAB 提供了另一种强大的工作方式，即利用 M 文件编写工作方式.

M 文件因其扩展名为 .m 而得名，它是一个标准的文本文件，因此可以在任何文本编辑器中进行编辑、存储、修改和读取. M 文件的语法类似于一般的高级语言，是一种程序化的编程语言，但又比一般的高级语言简单、直观，且程序易调试、交互性强. MATLAB 在初始运行 M 文件时会将其代码装入内存，再次运行该文件时会直接从内存中取出代码运行，因此会大大加快程序的运行速度.

使用 M 脚本和
M 函数文件

3.1.1　M 脚本文件

在 MATLAB 中，既不接受输入参数也不返回输出参数的 M 文件称为脚本文件，也称 M 命令文件. 这种 M 文件是在 MATLAB 的工作空间内对数据进行操作的.

当用户在 MATLAB 中调用一个脚本文件时，MATLAB 将执行在该脚本文件中所有可识别的命令. 脚本文件不仅能够对工作空间内已经存在的变量进行操作，还能够使用这些变量创建新的数据，这些变量一旦生成，就一直保存在内存中，直到使用 clear 命令或重新启动 MATLAB 时才被清除.

尽管脚本文件不能返回输出参数，但其建立的新的变量却能够保存在 MATLAB 的工作空间中，并且能够在之后的计算中被使用. 除此之外，脚本文件还能够使用 MATLAB 的绘图函数来产生图形输出结果.

按【F5】键或者单击标题栏中的"运行"命令或在命令行窗口输入脚本文件文件名，即可运行脚本文件，MATLAB 程序执行机制是会对脚本文件先保存，然后再执行. 或者可以选中需要运行的代码，然后单击"Evaluate Selection"命令，执行选中的代码.

通过【F5】键或者运行图标完整执行脚本文件时，脚本文件需要在 MATLAB 的工作路径下，如果不在，运行后会弹出如图 3-1 所示的弹出式窗口. 为了运行该脚本文件，用户需要把脚本文件所在的路径设置为当前路径，或者添加脚本文件所在的路径到 MATLAB 的搜索路径. 而通过"Evaluate Selection"命令执行脚本文件则不需要设置路径，因为此时类似于在命令行窗口运行多行代码.

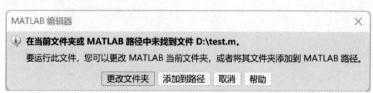

图 3-1　MATLAB 编辑器窗口设置脚本文件路径的弹出窗口

【例 3-1】　编写一个 M 文件，计算 10 的阶乘.

新建 M 文件，输入以下 MATLAB 命令：

```
clear all
jc = 1;
for i = 2:10
    jc = jc * i;
end
disp('10 的阶乘为:')
jc
```

保存文件，文件名为 chap3_1. m. 在命令行窗口输入：

```
>> chap3_1
10 的阶乘为:
jc =
    3628800
```

3.1.2　M 函数文件

需要通过调用才可以执行的一类 M 文件称为函数文件，函数文件一般有输入、输出参数，可以供不同的输入参数重复调用产生不同的输出结果. 函数文件中产生的变量只在函数运行过程中有效，当函数执行完后，变量即不存在. 函数文件是为了实现某种特定功能而编写的，例如 MATLAB 工具箱中的各种命令实际上都是函数文件，由此可见函数文件在实际应用中的作用.

函数的创建、调用及调试

函数文件的第一行一般都以 function 开始，这是函数文件的标志. 完整的 MATLAB 函数文件由函数定义行、H1 行、帮助文本、函数体、注释组成.

【例 3-2】　查看 MATLAB 自带的 fliplr（矩阵的翻转）函数文件的源代码.

```
>> type fliplr
function y = fliplr(x)
% FLIPLR Flip matrix in left/right direction.
%    FLIPLR(X) returns X with row preserved and columns flipped
%    in the left/right direction.
%
%    X = 1 2 3        becomes   3 2 1
%        4 5 6                  6 5 4
%
%    Class support for input X:
%        float: double, single
%
%    See also FLIPUD, ROT90, FLIPDIM.

%    Copyright 1984 - 2004 The MathWorks, Inc.
```

```
%       $Revision：5.9.4.3 $  $Date：2004/07/05 17：01：14 $
if ndims( x) ~ = 2
    error('MATLAB：fliplr：SizeX ','X must be a 2 – D matrix.');
end
y = x(：,end：-1：1);
```

下面详细介绍函数文件的组成部分.

1. 函数定义行

函数的定义行位于 M 文件的第一行，函数定义行告诉 MATLAB 此文件是函数文件，因此只有函数文件才有函数定义行. 函数定义行的格式如下.

- function $[y1,y2,\cdots]$ = fun_name(x1,x2,$\cdots$)：多个输入参数，多个输出参数.
- function y1 = fun_name (x1)：单个输入参数，单个输出参数.
- function fun_ name ( )：无输入参数，无输出参数. 无输入参数时小括号"( )"不能省.

其中，function 为 MATLAB 语言中函数标识的关键字符，fun_ name 为函数名，函数名必须以字母开头，可以包含任意的字母和下划线，长度限制及其他规则与变量名类似. 另外，函数文件的一般命名为函数名加上 . m 后缀. x1,x2,$\cdots$为函数输入变量，输入变量是由小括号标识的，各变量间用逗号间隔；而 y1,y2,$\cdots$为输出变量，由中括号标识，各变量间用逗号间隔. 同时需要注意到函数的输入变量引用的只是变量的值，函数体中对变量操作所引起变量值的改变不会保存到 MATLAB 工作空间内.

2. H1 行

H1 行为紧接函数定义行后的第一行，以百分号"%"开头. 当用户在命令行窗口中输入 lookfor 查找此函数时，便显示 H1 行的信息，或在命令行窗口的输入 help filename 时，H1 行作为第 1 行显示. 由于 H1 行提供了此文件的重要信息，所以应尽量言简意赅.

3. 帮助文本

帮助文本紧跟 H1 行，也以"%"开头，到第 1 行不以"%"开头的文本结束. 帮助文档是对于函数更为详细的描述. 在控制窗口中输入 help filename 命令，帮助文档会在 H1 行后显示. 在命令行窗口中通过 help 命令获取的函数帮助信息即为此部分的帮助文本，一般包括函数的功能，可以调用的不同格式、参数，一些简单的调用实例等.

4. 函数体

函数体是函数文件的核心，包括了实现函数功能的所有命令的集合，是程序功能的实现部分，主要有函数调用、程序控制流、交互性的输入/输出、计算、变量赋值、注释和空白行等.

5. 注释

注释部分解释了函数内部工作的一些细节，如算法的解释、控制流的说明和其他一些为增加可读性而作的解释文本. 注释以"%"开头，可以出现在 M 文件的任何位置. MAT-LAB 程序执行时不运行"%"后的语句.

上述 5 个部分构成一个完整的函数，但是用户在实际编写函数时，除了函数定义行与函数体是必需的，其他部分可不写. 根据以上规则，用户可编写自定义的 M 函数文件.

【例 3-3】　编写一个函数，求方程 $ax^2 + bx + c = 0$ 的解.

新建一个 M 文件，输入如下代码：

```
function jie(a,b,c)        % a, b, c 为输入参数，无输出参数
% 一元二次方程求解函数
% jie(a,b,c)将求一元二次方程 ax^2 + bx + c = 0 的两个根
if( abs(a) < 1e - 6)
    disp('不是二次方程')
else
    disc = b * b - 4 * a * c;
    if( abs( disc) < 1e - 6)
        disp('有两个相等的根'),[ - b/(2 * a), - b/(2 * a)]
    elseif( disc > 1e - 6)
        x1 = ( - b + sqrt( disc))/(2 * a);
        x2 = ( - b - sqrt( disc))/(2 * a);
        disp('有两个不相等的实根'),[x1,x2]
    else
        reelpart = - b/(2 * a);
        imagpart = sqrt( - disc)/2 * a;
        disp('有一对共轭复根'),
        [ reelpart + imagpart * i,reelpart - imagpart * i]
    end
end
end
```

调用函数文件，运行结果如下：

```
>> jie(1,2,1)
有两个相等的根
ans =
     - 1      - 1
>> jie(1,2, - 3)
有两个不相等的实根
ans =
     1      - 3
>>jie(1,2,4)
有一对共轭复根
ans =
  - 1.0000 + 1.7321i   - 1.0000 - 1.7321i

>>help jie
一元二次方程求解函数
jie(a,b,c)将求一元二次方程 ax^2 + bx + c = 0 的两个根
```

3.2 顺序结构语句

顺序结构是指按照程序中语句的排序顺序依次执行,直到程序的最后一个语句. 这是最简单的一种程序结构,一般涉及数据的输入、计算或处理、输出等内容.

1. 数据的输入

通过键盘输入数据,可以使用 input 函数来实现,该函数的调用格式为:

• A = input (提示信息,选项),其中"提示信息"为一个字符串,用于提示用户输入什么样的数据. 如果在调用 input 函数时采用's'选项,则允许用户输入一个字符串.

【例 3-4】 利用 input 函数输入矩阵及字符串.

```
>> A = input('请输入矩阵 A:')          % 利用 input 函数输入矩阵
请输入矩阵 A:
>> xm = input('请输入您的姓名:','s')   % 利用 input 函数输入字符串
请输入您的姓名:
```

执行 input 语句时,首先在屏幕上显示提示信息,然后等待用户从键盘按 MATLAB 规定的格式进行输入.

2. 数据的输出

MATLAB 提供的命令行窗口输出函数主要有 disp 函数,其调用格式为:

• disp (输出项),其中输出项既可以为字符串,也可以为矩阵.

【例 3-5】 利用 disp 函数进行输出.

```
>> s = '踔厉奋发、勇毅前行';
>> disp(s)          % 输出字符串
踔厉奋发、勇毅前行
>> A = magic(3);
>> disp(A)          % 输出矩阵
     8     1     6
     3     5     7
     4     9     2
```

和前面介绍的矩阵显示方式不同,用 disp 函数显示矩阵时将不显示矩阵的名字,而且其输出格式更紧凑,且不留任何没有意义的空行.

3. 程序的暂停

当程序运行时,为了查看程序的中间结果或输出的图形,有时需要暂停程序的执行. 此时可以使用 pause 函数,其调用格式为:

• pause (延迟秒数),如果省略延迟时间,直接使用 pause,则将暂停程序,直到用户按任一键后程序继续执行. 若要强行中止程序的运行可按【Ctrl + C】键.

【例 3-6】 利用 pause 函数进行 5s 倒计时.

建立 M 文件 chap3_6. m,MATLAB 代码如下:

```
clear
clc,disp(5),pause(1);                %输出数字 5，暂停 1 秒
clc,disp(4),pause(1);
clc,disp(3),pause(1);
clc,disp(2),pause(1);
clc,disp(1),pause(1);
clc,disp(0);
```

保存文件后运行，可以在命令行窗口看到 5s 倒计时的效果.

3.3　循环结构语句

在实际问题中经常会遇到一些需要有规律地重复运算的问题，此时需要重复执行某些语句，这样就需要用循环语句进行控制，在循环结构语句中，被重复执行的语句称为循环体，并且每个循环语句通常都包含循环条件，以判断循环是否继续进行下去. 在 MATLAB 中提供了两种循环方式：for 循环和 while 循环.

1. for 循环语句

for 循环语句使用起来较为灵活，一般用于循环次数已经确定的情况，它的循环判断条件通常是对循环次数的判断. for 语句的调用格式为：

```
for 循环变量 = 表达式 1:表达式 2:表达式 3
    循环体
end
```

其中，表达式 1 为循环初值，表达式 2 为循环步长，表达式 3 为循环终值. 如果省略表达式 2，则默认步长为 1. for 语句的执行时，首先将表达式 1 的值赋给循环变量，如果此时循环变量的值介于表达式 1 和表达式 3 的值之间，则执行循环体语句，否则结束循环的执行. 执行完一次循环之后，循环变量自增一个表达式 2 的值. 对于正的步长，当循环变量的值大于表达式 3 的值时，将结束循环；对于负的步长，当循环变量的值小于表达式 3 的值时，将结束循环. for 语句允许嵌套使用，一个 for 关键字必须和一个 end 关键字相匹配.

【例 3-7】　利用 for 循环计算 $1! + 2! + \cdots + 20!$ 的值.

建立 M 文件 chap3_7.m，MATLAB 代码如下：

```
clear all;
sum = 0;              %sum 为累加变量，初始值为 0
for i = 1:20
    p = 1;           %p 为累乘变量，初始值为 1
    for k = 1:i      %计算 i 的阶乘，结果为 p
        p = p * k;
    end
    sum = sum + p;
end
sum
```

运行结果为:

```
sum =
   2.5613e+018
```

在 for 循环语句中通常需要注意以下事项.

1）for 语句一定要有 end 关键字作为结束标志,否则以下的语句将被认为包含在 for 循环体内.

2）循环体中每条语句结尾处一般用分号";"结束,以避免中间运算过程的输出,如果需要查看中间结果,则可以去掉相应语句后面的分号.

3）如果循环语句为多重嵌套,则最好将语句写成阶梯状,这样有助于查看各层的嵌套情况.

4）不能在 for 循环体内强制对循环变量进行赋值来终止循环的运行.例如:

```
for i = 1:5
    disp(['循环变量 i 的值为:',num2str(i)]);        %输出循环变量 i 的值
    i = 6;                                          %强制设定循环变量 i 的值
end
```

运行结果如下:

```
循环变量 i 的值为:1
循环变量 i 的值为:2
循环变量 i 的值为:3
循环变量 i 的值为:4
循环变量 i 的值为:5
```

2. while 循环语句

与 for 循环语句相比,while 循环语句一般用于不能确定循环次数的情况.它的判断控制可以是一个逻辑判断语句,因此它的应用更加灵活.while 循环语句的调用格式为:

```
while 逻辑表达式
    循环体
end
```

当逻辑表达式的值为真时,执行循环体语句;当逻辑表达式的值为假时,终止该循环.当逻辑表达式的计算对象为矩阵时,只有当矩阵中所有元素均为真（非零）时,才执行循环体.当表达式为空矩阵时,不执行循环体中的任何语句.为了简单起见,通常可以用函数 all 和 any 等把矩阵表达式转换成标量.在 while 循环语句中,可以用 break 语句退出循环.

【例 3-8】 寻找阶乘超过 10^{10} 的最小整数.

建立 M 文件 chap3_8.m,MATLAB 代码如下:

```
clear all;
n = 1;
p = 1;
while p < 1e10          % 当 p < 1e10 不成立时, 循环结束
    p = p * n;
    n = n + 1;
end
disp(['最小整数为:', num2str(n - 1)])
```

运行结果为:

最小整数为: 14

3. continue 命令

continue 命令经常与 for 或 while 循环语句一起使用, 作用是结束本次循环, 即跳过循环体中下面尚未执行的语句, 接着进行下一次循环.

【例 3-9】　continue 命令示例.

建立 M 文件 chap3_9. m, MATLAB 代码如下:

```
% 计算数组 a 中每个元素的倒数
a = [1, 2, 0, 3, 4, 8];
for i = 1:6
    if a(i) == 0        % 如果 a(i) 等于 0
        b(i) = 0;
        continue;       % 结束本次循环, 进行下一次循环
    end
    b(i) = 1. /a(i);
end
b
```

运行结果为:

```
b =
    1.0000    0.5000         0    0.3333    0.2500    0.1250
```

4. break 命令

break 语句通常用在循环语句或条件语句中, 通过使用 break 语句, 可以不必等待循环的自然结束, 程序将退出当前循环, 执行循环后的语句.

【例 3-10】　break 命令示例.

建立 M 文件 chap3_10. m, MATLAB 代码如下:

```
for i = 1:10
    if i == 5
        break;          % 中断循环
```

```
        end
        disp(i);
    end
```

运行结果为:

```
    1
    2
    3
    4
```

3.4 选择结构语句

在一些复杂的运算中,通常需要根据满足特定的条件来确定运行哪一部分代码,为此 MATLAB 提供了 if 语句和 switch 语句,用于控制在一定的条件下执行特定的代码.

1. if 语句

if 语句也称为条件语句,其关键字包括 if、else、elseif 和 end. 通常 if 语句有以下 3 种格式.

1) 单分支形式:

```
if 表达式
    语句组 1
end
```

执行到该语句时,计算机先检验 if 后的逻辑表达式,如果逻辑为真(即为 1),就执行语句组 1;如果逻辑表达式为 0,就跳过语句组 1,直接执行 end 后面的语句. 注意,end 是必不可少的,没有它,在逻辑表达式为 0 时,就找不到继续执行程序的入口.

2) 双分支形式:

```
if 表达式
    语句组 1
else
    语句组 2
end
```

执行到该语句时,计算机先检验 if 后的逻辑表达式,如果逻辑为 1,就执行语句组 1;如果为 0,就执行语句组 2. 执行完语句组 1 或语句组 2 的代码后,再执行 end 后面的语句.

3) 多分支形式:

```
if 表达式 1
    语句组 1
elseif 表达式 2
    语句组 2
……
```

```
elseif 表达式 m
    语句组 m
else
    语句组 m + 1
end
```

首先判断表达式 1，如果逻辑为真，则执行语句组 1，执行完后跳出该选择结构，继续执行 end 后面的语句；如果表达式 1 为假，则跳过语句组 1，判断表达式 2，若表达式 2 为真，则执行语句组 2 的代码，执行完后跳出该选择结构，继续执行 end 后面的语句；如果表达式 2 为假，则跳过语句组 2，判断表达式 3，依此类推. 若各 elseif 语句的表达式都不为真，则转入 else 语句，执行语句组 m + 1 的代码.

【例 3-11】　编写一个函数文件，计算如下分段函数的值：

$$x = \begin{cases} \dfrac{\sin x}{x}, & x \neq 0, \\ 1, & x = 0. \end{cases}$$

建立 M 函数文件 chap3_11. m，MATLAB 代码如下：

```
function y = chap3_11(x)
if x ~ = 0
    y = sin(x)/x;
else
    y = 1;
end
```

调用函数文件，运行结果如下：

```
>> chap3_11(1)
ans =
    0.8415
>> chap3_11(0)
ans =
    1
```

【例 3-12】　编写一个函数文件，计算如下分段函数的值：

$$x = \begin{cases} x^2, & x < 1, \\ 2x - 1, & 1 \leqslant x \leqslant 10, \\ 3x - 11, & 10 < x \leqslant 30, \\ \sin x + \ln x, & x > 30. \end{cases}$$

建立 M 函数文件 chap3_12. m，MATLAB 代码如下：

```
function y = chap3_12(x)
if x < 1
    y = x^2;
```

```
    elseif x > = 1 & x < = 10          % 此处条件表达式可简写成 x < = 10
        y = 2 * x - 1;
    elseif x > 10 & x < = 30          % 此处条件表达式可简写成 x < = 30
        y = 3 * x - 11;
    else                              % else 后面不要再写条件表达式
        y = sin(x) + log(x);
    end
```

调用函数文件，运行结果如下：

```
>> Re = [chap3_12(0.5), chap3_12(4), chap3_12(13), chap3_12(15 * pi)]
Re =
    0.2500    7.0000    28.0000    3.8528
```

2. switch 语句

多分支语句的条件判断也可以使用 switch 语句，与 if 多分支语句类似，switch 语句根据变量或表达式的取值不同分别执行不同的代码. switch – case 语句的一般形式如下：

```
switch 表达式
case 值 1
    语句组 1
case 值 2
    语句组 2
……
case 值 n
    语句组 n
otherwise
    语句组 n + 1
end
```

switch 后面的表达式可以为任意类型，如字符串、矩阵、数组等. 当表达式的值与 case 后面的某个常量值相等时，就执行该 case 后面的语句组；如果所有的常量值都与 switch 后面的表达式的值不匹配时，就执行 otherwise 后面的语句组.

【例 3-13】 用 switch – case 语句实现学生的成绩分级，成绩等级为：满分（100）、优秀（90 ~ 99）、良好（80 ~ 89）、及格（60 ~ 79）、不及格（< 60）. 编写一个 M 函数文件根据不同的成绩显示成绩等级.

建立 M 函数文件 chap3_13. m，MATLAB 代码如下：

```
function    dj = chap3_13(cj)
cj10 = floor(cj/10);          % cj 除以 10 取整数部分，floor 为向下取整函数
switch cj10
    case 10
```

```
        dj = '满分';
    case 9                      % cj10 值为 9, 对应 cj 值 90 ~ 99
        dj = '优秀';
    case 8
        dj = '良好';
    case {6,7}                  % cj10 值为 6 或 7, 对应 cj 值 60 ~ 79
        dj = '及格';
    otherwise
        dj = '不及格';
end
```

调用函数文件, 运行结果如下:

```
>>[ chap3_13(100),' ',chap3_13(80),' ',chap3_13(73),' ',chap3_13(55)]
ans =
满分  良好  及格  不及格
```

3.5　try – catch 语句

try – catch 语句主要用于对程序出错的检测, 并在出错后采取相应的措施. try – catch 语句的一般形式如下:

```
try
    语句组 1
catch
    语句组 2
end
```

try 语句首先执行语句组 1 的代码, 如果出错, 则执行语句组 2 的代码. try 语句用于提高代码的容错能力. 如果需要查看程序的出错信息, 可以查看系统的预定义变量 lasterr, lasterr 变量可用于显示函数的出错信息.

【例 3-14】　try – catch 语句示例.

建立 M 文件 chap3_ 14. m, MATLAB 代码如下:

```
%矩阵不能做乘法运算的情况
x = rand(2,3);
y = ones(4);
try
    z = x * y;
    disp(z);
catch
```

```
        errordlg('矩阵相乘出错啦! ',' error ');
    end
```

运行程序，出错后显示如图 3-2 所示的出错提示框.

图 3-2　程序出错提示框

此时可以在命令行窗口通过 lasterr 命令查看出错信息.

```
>> lasterr
ans =
    '错误使用   *
    用于矩阵乘法的维度不正确. 请检查并确保第一个矩阵中的列数与第二个矩阵中
的行数匹配. 要执行按元素相乘, 请使用'. * '. '
```

习　题　3

1. 下列不是函数文件的组成部分的是（　　）.

（A）函数定义行　　　　（B）H 行　　　　（C）帮助文本　　　　（D）函数体

2. 下面哪种方式不能执行 M 命令文件（　　）.

（A）按【F5】键　　　　　　　　　　（B）单击标题栏中的"运行"命令

（C）在命令行窗口输入 M 命令文件名　（D）输入 run 命令

3. 在循环结构中结束本次循环，进行下一次循环的命令为（　　）.

（A）return　　　　　（B）break　　　　　（C）continue　　　　　（D）end

4. 在循环结构中退出循环，执行循环体后的语句的命令为（　　）.

（A）return　　　　　（B）break　　　　　（C）continue　　　　　（D）end

5. 函数文件的第一行一般都以_____开始.

6. MATLAB 中暂停程序执行可以使用_____函数.

7. 编写函数，求两个数的最大公约数.

8. 计算 $1! + 2! + \cdots + 20!$.

9. 利用 for 循环找出 100～1000 之间的所有素数.

10. 编写程序，判断某一年是否为闰年. 闰年的条件是：

（1）能被 4 整除，但不能被 100 整除的年份都是闰年，如 1996 年和 2004 年；

（2）能被 100 整除，又能被 400 整除的年份是闰年，如 1600 年和 2000 年.

不符合这两个条件的年份不是闰年.（提示：rem 命令可以计算两数相除后的余数.）

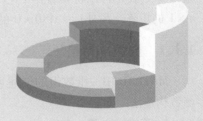

第 *4* 章

矩 阵 运 算

　　MATLAB 是基于矩阵和数组计算的，可以直接对矩阵和数组进行整体操作，因此矩阵运算和数组运算是 MATLAB 最基本、最重要的功能．在科技、工程、经济等多个领域中，经常需要把一个实际问题通过数学建模转化为一个线性方程组的求解问题．本章主要讨论矩阵的相关运算以及利用矩阵运算求解线性方程组的方法．

趣味实验——方程术

4.1　矩阵和数组的创建

在 MATLAB，一个矩阵既可以是普通数学意义上的矩阵，也可以是标量或向量，对于标量（一个数）可以将其看作 1×1 的矩阵，而向量（一行或一列数）则可以认为是 $1 \times n$ 或 $n \times 1$ 的矩阵. 另外，一个 0×0 的矩阵在 MATLAB 中被称为空矩阵.

4.1.1　数组的创建

MATLAB 中一维数组的创建可分为 3 种方法：直接输入法、增量法和函数构造法.

1. 直接输入法

数组的创建

直接输入法就是将数组的元素逐个输入，其格式是：向量名 = [元素 1,元素 2,元素 3,…]，元素之间用逗号或空格隔开.

【例 4-1】　直接输入生成数组.

```
>> clear all
>> b = 9;
>> a = [1,2.8,1/4,pi,1e - 2,sqrt(b)]    % 逐个输入元素，元素可以是常量、变量及表
                                             达式
a =
    1.0000    2.8000    0.2500    3.1416    0.0100    3.0000
```

2. 增量法

增量法是利用 MATLAB 中提供的冒号运算符来实现赋值运算从而生成数组. 其格式是：向量名 = from : step : to. 式中，from 为数组的第一个元素，to 为数组最后一个元素的限定值，step 是变化步长，省略步长时系统默认为 1，当 step 为负数时，可以创建降序的数组.

【例 4-2】　使用 from : step : to 生成数组.

```
>> clear all
>> a1 = 1:10              % 省略步长，默认 step = 1
a1 =
    1    2    3    4    5    6    7    8    9    10
>> a2 = 1:2:10            % 此处 10 为最后一个元素的限定值，不是最后一个元素
a2 =
    1    3    5    7    9
>> a3 = 10.5:-4:-5.5      % step = -4，创建降序数组
a3 =
   10.5000    6.5000    2.5000    -1.5000    -5.5000
```

3. 函数构造法

使用 linspace 和 logspace 函数生成数组. linspace 函数用于生成线性等分数组，logspace

用于生成对数等分数组. logspace 函数可以用于对数坐标的绘制. 命令格式如下:

- linspace（x1,x2,n）生成从 x1 到 x2 之间线性分布的 n 个元素的数组, 如果 n 省略, 则默认值为 100.
- logspace（x1,x2,n）生成从 10^{x1} 到 10^{x2} 之间按对数等分的 n 个元素的数组, 如果 n 省略, 则默认值为 50.

【例 4-3】　使用 linspace 和 logspace 函数生成数组.

```
>> y1 = linspace(10,20,6)          %取 10 到 20 之间的偶数
y1 =
    10    12    14    16    18    20
>> y2 = logspace(1,5,7)
y2 =
    1.0e + 005 *
    0.0001   0.0005   0.0022   0.0100   0.0464   0.2154   1.0000
```

4.1.2　矩阵的创建

在 MATLAB 中创建矩阵的方法很多, 常用方法包括直接输入法、函数法、拼接法、文件法等.

矩阵的创建

1. 直接输入法

直接输入法是一种最方便、最直接的方法, 它适用于输入维数较小的矩阵. 使用直接输入法时应遵循以下规则:

- 矩阵的元素用方括号 "[ ]" 括起来.
- 同行内的元素间用逗号 "," 或空格隔开.
- 行与行之间用分号 ";" 或回车键隔开.
- 元素可以是常量、变量及表达式.

【例 4-4】　使用直接输入法生成矩阵.

```
>> A = [1  2  3  4;3 +4  2*2  4^2  100/10]    %同行内的元素用空格隔开,换行
                                                 用分号
A =
     1     2     3     4
     7     4    16    10
>> B = [2,3,5
pi,pi/2,pi/4]                                 %同行内的元素用逗号隔开,换行
                                                 用回车
B =
    2.0000    3.0000    5.0000
    3.1416    1.5708    0.7854
```

2. 函数法

函数法主要用于输入一些特殊矩阵, 例如全零矩阵、全 1 矩阵、单位矩阵、对角矩阵、

随机矩阵等. MATLAB 提供了生成这些特殊矩阵的函数, 直接调用函数即可生成相应的矩阵. 下面具体介绍几种常用的特殊矩阵函数法生成过程.

1) zeros( )函数: 生成全零矩阵, 常见调用格式如下.
- zeros(n): 用于生成 n×n 的全零矩阵.
- zeros(m,n): 用于生成 m×n 的全零矩阵.
- zeros(size(A)): 用于生成和矩阵 A 同样维度的全零矩阵.
- zeros(d1,d2,d3,⋯): 用于生成 d1×d2×d3⋯的多维全零矩阵.
- zeros(m,n,classname): 用于生成指定数据类型的 m×n 的全零矩阵.

【例 4-5】 全零矩阵的生成.

```
>> zeros(3)                    %生成 3×3 的全零矩阵
ans =
    0    0    0
    0    0    0
    0    0    0
>> zeros(3,4)                  %生成 3×4 的全零矩阵
ans =
    0    0    0    0
    0    0    0    0
    0    0    0    0
>> A = zeros(2,4,'int8')       %生成 2×4 的整型全零矩阵
A =
    0    0    0    0
    0    0    0    0
```

2) ones( )函数: 生成全 1 矩阵. 用法同 zeros( )函数.

【例 4-6】 利用 ones( )函数生成矩阵.

```
>> A = zeros(2,4);             %生成 2×4 的全零矩阵 A
>> B = ones(size(A))          %生成和矩阵 A 同样维度的全 1 矩阵
B =
    1    1    1    1
    1    1    1    1
>> C = 2 * ones(3,4)          %生成 3×4 的全 2 矩阵, 注意没有 twos( )函数
C =
    2    2    2    2
    2    2    2    2
    2    2    2    2
```

3) eye( )函数: 生成单位矩阵. eye( )函数的用法与 zeros( )函数的用法类似, 但是 eye( )函数不支持生成二维以上的矩阵.

【例4-7】 单位矩阵的生成.

```
>>eye(3)                    %生成3×3的单位矩阵
ans =
     1     0     0
     0     1     0
     0     0     1
>>A = eye(2,3)             %生成2×3的单位矩阵
A =
     1     0     0
     0     1     0
>> A = eye(3,2)            %生成3×2的单位矩阵
A =
     1     0
     0     1
     0     0
```

4）diag( )函数：生成对角矩阵（提取矩阵的对角线元素）. 常见调用格式如下.

• X = diag(v,k)：当 v 是有 n 个元素的向量时，返回方阵 X，其大小为 n + abs(k)，向量 v 的元素位于 X 的第 k 条对角线上. k = 0 表示在主对角线上；k > 0 表示在主对角线以上第 k 层；k < 0 表示在主对角线以下第 abs(k)层.

• X = diag(v)：将向量 v 的元素放在方阵 X 的主对角线上，等同于调用格式 X = diag(v,k)中 k = 0 的情况.

• v = diag(X,k)：对于矩阵 X，返回列向量 v，其元素由 X 的第 k 条对角线的元素构成.

• v = diag(X)：返回 X 的主对角线元素，等同于调用格式 v = diag(X,k)中 k = 0 的情况.

【例4-8】 利用 diag( )函数生成矩阵.

```
>>v = [1,2,3];
>>A = diag(v)             %生成主对角线元素为[1,2,3]的矩阵
A =
     1     0     0
     0     2     0
     0     0     3
>>B = diag(v,-2)          %矩阵 B 主对角线下方第2条对角线上元素为[1,2,3]
B =
     0     0     0     0     0
     0     0     0     0     0
     1     0     0     0     0
```

```
      0    2    0    0    0
      0    0    3    0    0
>> v2 = diag(B, -2)         %返回矩阵 B 主对角线下方第 2 条对角线上元素
v2 =
      1
      2
      3
```

5）rand( )函数：生成随机矩阵. rand( )函数只用于生成 0~1 的平均分布的随机数，不包括 0 和 1，如果希望生成在其他范围内的随机数，则需要编写一定的代码. rand( )函数的用法与 zeros( )函数的用法类似.

【例 4-9】 利用 rand( )函数生成随机矩阵.

```
>> A = rand(3,4)                %生成 3×4 的随机矩阵
A =
      0.9501    0.4860    0.4565    0.4447
      0.2311    0.8913    0.0185    0.6154
      0.6068    0.7621    0.8214    0.7919
>> a = 1;b = 100;
>> X = a + (b - a) * rand(3)     %区间(1,100)内的随机数构成的矩阵
X =
      41.1649    41.6168    35.9339
      93.6115    89.4713    81.5035
      91.7735     6.7312     1.9763
```

类似 rand( )函数，randn( )函数可生成随机数正态分布的矩阵或数组，其用法同 rand( )函数.

6）magic( )函数：生成魔方矩阵，矩阵每行、每列及两条对角线上元素和都相等.

【例 4-10】 魔方矩阵的生成.

```
>> A = magic(3)          %生成 3 阶魔方矩阵
A =
      8    1    6
      3    5    7
      4    9    2
```

7）triu( )函数：生成上三角矩阵，即对角线以下元素全为 0 的矩阵. 常见调用格式如下.

• triu(X)：用于生成矩阵 X 的上三角矩阵.

• triu(X, k)：用于生成矩阵 X 的上三角矩阵，其中 k 对应的对角线以下的元素全为 0.

8）tril( )函数：生成下三角矩阵，即对角线以上元素全为 0 的矩阵. 常见调用格式

如下.

- tril(X)：用于生成矩阵 X 的下三角矩阵.
- tril(X, k)：用于生成矩阵 X 的下三角矩阵，其中 k 对应的对角线以上的元素全为 0.

【例 4-11】　上三角、下三角矩阵的生成.

```
>> X = ones(4);
>> triu(X)                 %生成矩阵 X 的上三角矩阵
ans =
     1     1     1     1
     0     1     1     1
     0     0     1     1
     0     0     0     1
>> tril(X,1)               %生成下三角矩阵，k = 1 对应的对角线以上的元素全为 0
ans =
     1     1     0     0
     1     1     1     0
     1     1     1     1
     1     1     1     1
```

此外，还有一类特殊矩阵应用在专门学科中，如希尔伯特（Hilbert）矩阵、范德蒙德（Vandermonde）矩阵等. 创建特殊矩阵的函数见表 4-1.

表 4-1　创建特殊矩阵的函数

函　　数	功　　能	函　　数	功　　能
zeros(m,n)	生成 $m \times n$ 的全零矩阵	triu(X,k)	生成上三角矩阵
ones(m,n)	生成 $m \times n$ 的全 1 矩阵	tril(X,k)	生成下三角矩阵
eye(n)	生成 n 阶单位矩阵	hilb(n)	生成 n 阶 Hilbert 矩阵
diag(v,k)	生成对角矩阵	invhilb(n)	生成 n 阶反 Hilbert 矩阵
rand(m,n)	生成 $m \times n$ 的随机矩阵	vander(v)	生成 Vandermonde 矩阵
randn(m,n)	生成 $m \times n$ 正态随机矩阵	pascal(n)	生成 n 阶 Pascal 矩阵
magic(n)	生成 n 阶魔方矩阵	compan(p)	生成随机矩阵

3. 拼接法

1）运用 [ ] 拼接矩阵.

和直接输入法类似，用 [ ] 做矩阵拼接时，有三种连接符：逗号、空格和分号. 其中，逗号和空格是等价的，表示不换行，直接横向拼接，横向拼接要求两个矩阵行数相同；分号表示换行后纵向拼接，纵向拼接要求两个拼接的矩阵的列数相同.

【例 4-12】　应用 [ ] 运算符由小矩阵拼接大矩阵.

```
>> A11 = magic(3) , A12 = ones(3,2) , A21 = zeros(2,3) , A22 = eye(2)    %生成4个小
                                                                            矩阵
A11 =
     8     1     6
     3     5     7
     4     9     2
A12 =
     1     1
     1     1
     1     1
A21 =
     0     0     0
     0     0     0
A22 =
     1     0
     0     1
>> A = [A11,A12;A21,A22]    %行、列两个方向同时拼接，请留意行数、列数的匹配
                              问题
A =
     8     1     6     1     1
     3     5     7     1     1
     4     9     2     1     1
     0     0     0     1     0
     0     0     0     0     1
```

2）拼接函数法.

拼接函数法是指用cat函数将多个小矩阵沿行或列方向拼接成一个大矩阵. cat函数的使用格式是cat（dim,A1,A2,A3,…）. dim为1时，表示沿行方向拼接；dim为2时，表示沿列方向拼接；dim大于2时，拼接的是多维数组.

4. 用矩阵编辑器输入

矩阵编辑器适用于输入维数较大的矩阵. 在调用矩阵编辑器之前必须先定义一个变量，无论是一个数值还是一个矩阵均可. 输入步骤如下：

1）在命令行窗口创建数值变量A，如A=0.

2）在工作空间可以看到多了一个变量A，双击它就可打开矩阵编辑器.

3）在矩阵编辑器里直接输入或修改A的元素的值，如图4-1所示，修改完毕后关闭矩阵编辑器完成输入.

5. 文件法

有时我们需要处理的矩阵数据量大且没有规律，如果在命令行窗口输入，清除后再次使用时需要重新输入，这就增加了工作量. 为解决此类问题，MATLAB提供了两种解决方法：

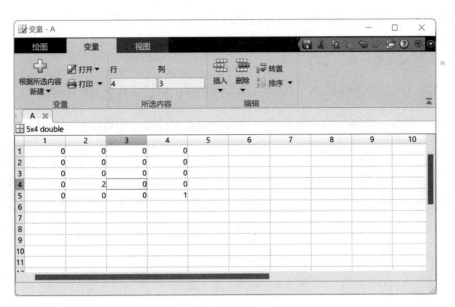

图 4-1　矩阵编辑器

一种方法是把数据存放在 mat 文件中，通过加载 mat 文件得到所需数据；另一种方法是直接把数据作为矩阵输入到 M 文件中.

在用 MATLAB 编程解决实际问题时，通常将程序运行的中间结果用 mat 文件保存，以备后面的程序调用. 这一调用过程实质上就是将数据（矩阵）加载到 MATLAB 内存空间以备当前程序使用. 加载 mat 文件可用以下两种方法：

1）单击"主页"选项卡"变量"面板中的"导入数据"命令.

2）在命令行窗口中输入 load 命令.

【例 4-13】　用 mat 文件加载矩阵.

```
>> A = eye(6) + diag(2 * ones(1,5),1) + diag(1:5, -1);
>> save('shuju. mat','A');        % 使用 save 命令保存数据文件 shuju. mat
>> clear all;
>> load shuju;    % 使用 load 命令加载事先保存在可搜索路径中的数据文件 shuju. mat
>> A
A =
    1    2    0    0    0    0
    1    1    2    0    0    0
    0    2    1    2    0    0
    0    0    3    1    2    0
    0    0    0    4    1    2
    0    0    0    0    5    1
```

M 文件一般是程序文件，其内容通常为命令或程序设计语句，但也可存放矩阵，因为输入一个矩阵本身就是一条语句. 在 M 文件编辑器中按照正常输入矩阵的方法输入数据，然后将其保存成 M 文件. 使用时在命令行窗口直接输入文件名即可.

【例 4-14】 用 M 文件输入矩阵.

在 M 文件编辑器中输入如下代码：

A = [1,2,3,4,5,16;10,1,9,8, -7,6;0,1,0,23,0, -2;1,0,11,2,0, -2;8, -4,6,10,7,3]

保存成文件 shuju1.m，在命令行窗口中直接输入文件名，即可得到矩阵 A.

```
>> shuju1
A =

     1     2     3     4     5    16
    10     1     9     8    -7     6
     0     1     0    23     0    -2
     1     0    11     2     0    -2
     8    -4     6    10     7     3
```

4.1.3　矩阵的修改

矩阵的修改

假设 A 是一个矩阵，可用以下方法表示对其元素的提取、修改，对行或列的提取、修改、删除及扩充等操作.

- A(i,j)：表示矩阵 A 的第 i 行第 j 列的元素.
- A(:,j)：表示矩阵 A 的第 j 列全部元素.
- A(:,j:j+m)：表示矩阵 A 的第 j 至 j+m 列的全部元素.
- A(i,:)：表示矩阵 A 的第 i 行全部元素.
- A(i:i+n,:)：表示矩阵 A 的第 i 至 i+n 行的全部元素.
- A(:)：表示矩阵 A 的所有元素以列优先排列成一个列向量.
- A(i)：表示矩阵 A 的第 i 个元素（列优先排列）.
- A(i:j)：表示矩阵 A 的第 i 个元素与第 j 个元素之间的所有元素.
- [ ]：表示空矩阵，常用于删除矩阵的行或列.

【例 4-15】 已知矩阵

$$A = \begin{pmatrix} 1 & 3 & 5 \\ 2 & 4 & 6 \\ -1 & -2 & -3 \end{pmatrix}$$

要求：

1）提取矩阵中第 4 个元素以及第 2 行第 3 列的元素；

2）将原矩阵中第 3 行元素替换为 $(-1,-3,-5)$；

3）在以上操作的基础上，再添加一行元素 $(-2,-4,-6)$；

4）在 A 中取出由第 1、2 行第 2、3 列元素构成的子矩阵 B；

5）在以上操作的基础上，再删除第 1、3 行；

6）将矩阵 **A** 的元素堆叠起来，成为一个列向量.

```
>>A = [1 3 5;2 4 6; -1 -2 -3]        %输入矩阵A
A =

         1         3         5

         2         4         6

        -1        -2        -3

>>A(4)                                %提取矩阵A的第4个元素
ans =
         3
>> A(2,3)                             %提取矩阵A的第2行第3列的元素
ans =
         6
>> A(3,:) = [ -1, -3, -5]            %将矩阵A中第3行元素替换为( -1, -3, -5)
A =

         1         3         5

         2         4         6

        -1        -3        -5

>> A(4,:) = [ -2, -4, -6]            %添加一行元素( -2, -4, -6)
A =

         1         3         5

         2         4         6

        -1        -3        -5

        -2        -4        -6

>> B = A([1,2],[2,3])                %取出A的第1、2行第2、3列元素构成矩阵B
B =

         3         5

         4         6

>> A([1,3],:) = []                   %删除第1、3行
A =

         2         4         6

        -2        -4        -6
```

```
>> A(:)              % 将矩阵 A 的元素堆叠起来, 成为一个列向量
ans =

    2

   -2

    4

   -4

    6

   -6
```

【例 4-16】 已知矩阵

$$A = \begin{pmatrix} 1 & 2 \\ 0 & 4 \end{pmatrix}, \quad B = \begin{pmatrix} -1 & 0 \\ 0 & -2 \end{pmatrix}$$

利用 A 与 B 生成矩阵 $C = \begin{pmatrix} A \\ B \end{pmatrix}$, $D = \begin{pmatrix} A & O \\ O & B \end{pmatrix}$, $E = \begin{pmatrix} A & O \\ O & 100 \end{pmatrix}$

```
>>A = [1 2;0 4];              % 输入矩阵 A
>>B = [-1 0;0 -2];            % 输入矩阵 B
>>C = [A;B]                   % 利用 A 与 B 生成矩阵 C
C =

    1       2
    0       4
   -1       0
    0      -2

>>D = [A,zeros(2);zeros(2),B]   % 利用 A 与 B 与零矩阵生成矩阵 D
D =

    1       2       0       0
    0       4       0       0
    0       0      -1       0
    0       0       0      -2

>>E = A;
>>E(3,3) = 100                % 通过给 E(3,3)赋值, 生成矩阵 E
E =

    1       2       0
    0       4       0
    0       0     100
```

4.2 矩阵和数组运算

矩阵的算术运算包括矩阵的基本运算和点运算，在本节需要重点弄清楚基本运算和点运算的区别.

矩阵和数组运算

4.2.1 矩阵的基本运算

MATLAB 最基本的运算对象是矩阵. 矩阵的基本运算包括矩阵的加法、减法、乘法（常数与矩阵乘法以及矩阵与矩阵乘法）、右除、左除、乘方，以及矩阵的求逆、转置、矩阵的行列式、和矩阵的秩等（见表4-2）.

表 4-2　矩阵的基本运算

命　令	功能及要求
A＋B，A－B	矩阵的加法和减法（要求 A 与 B 为同型矩阵）
k∗A	常数 k 与矩阵 A 相乘
A∗B	两个矩阵相乘（要求矩阵 A 的列数与矩阵 B 的行数相等）
A^n	矩阵 A 的 n 次幂（要求 A 为方阵）
inv（A）或 A^（−1）	矩阵 A 的逆（要求 A 为方阵）
A＼B	矩阵的左除，相当于矩阵 B 左边乘以 A 的逆，即 $A^{-1}B$（要求 A 为方阵）
B/A	矩阵的右除，相当于矩阵 B 右边乘以 A 的逆，即 BA^{-1}（要求 A 为方阵）
A' 或 transpose（A）	求矩阵 A 的转置
rank（A）	求矩阵 A 的秩
det（A）	求方阵 A 的行列式的值
rref（A）	求矩阵 A 的行最简形式

【例4-17】 已知矩阵 $A = \begin{pmatrix} 2 & 0 & 1 \\ 1 & -4 & -1 \\ -1 & 8 & 3 \end{pmatrix}$，求 $|A|$，A^{-1} 及 A^{T}.

```
>>A=[2 0 1;1 -4 -1;-1 8 3]        %输入矩阵 A
A =

     2     0     1

     1    -4    -1

    -1     8     3

>>det(A)                          %计算 A 的行列式
ans =
    -4

>>inv(A)                          %求 A 的逆矩阵，或用命令 A^（-1）
ans =
```

1.0000	-2.0000	-1.0000
0.5000	-1.7500	-0.7500
-1.0000	4.0000	2.0000

```
>>A'                    %求 A 的转置,或用命令 transpose(A)
ans =
```

2	1	-1
0	-4	8
1	-1	3

【例 4-18】 已知矩阵 $A = \begin{pmatrix} 2 & 5 \\ 1 & 3 \end{pmatrix}$, $B = \begin{pmatrix} 4 & -7 \\ 3 & 5 \end{pmatrix}$ 求 A/B, $A \backslash B$.

```
>>A = [2 5;1 3];
>>B = [4 -7;3 5];
>>A/B                  %与 A*inv(B)结果相同
ans =
```

-0.1220	0.8293
-0.0976	0.4634

```
>>A\B                  %与 inv(A)*B 结果相同
ans =
```

-3	-46
2	17

【例 4-19】 求矩阵 $A = \begin{pmatrix} 2 & -1 & -1 & 1 & 2 \\ 1 & 1 & -2 & 1 & 4 \\ 4 & -6 & 2 & -2 & 4 \\ 3 & 6 & -9 & 7 & 9 \end{pmatrix}$ 的秩和行最简形式.

```
>>A = [2 -1 -1 1 2;1 1 -2 1 4;4 -6 2 -2 4;3 6 -9 7 9]
A =
```

2	-1	-1	1	2
1	1	-2	1	4
4	-6	2	-2	4
3	6	-9	7	9

```
>> rank(A)                    %求 A 的秩
ans =
     3
>> rref(A)                    %求 A 的行最简形式
ans =
     1     0    -1     0     4
     0     1    -1     0     3
     0     0     0     1    -3
     0     0     0     0     0
```

【例4-20】 已知矩阵 $A = \begin{pmatrix} 3 & 2 & -1 & -3 \\ 2 & -1 & 3 & 1 \\ 7 & 0 & t & -1 \end{pmatrix}$ 的秩为2，求常数 t 的值.

```
>> syms t                     %建立符号变量 t
>> A = [3 2 -1 -3;2 -1 3 1;7 0 t -1];
>> det(A(1:3,1:3))            %求 A 的 1 至 3 行和 1 至 3 列组成的一个三阶子式
ans =
-7 * t + 35
```

由于矩阵的秩为2，因此其三阶子式应该都等于0. 当 $t = 5$ 时，有一个三阶子式等于0，但是否所有的三阶子式都为0呢? 输入:

```
>> A = [3 2 -1 -3;2 -1 3 1;7 0 5 -1];
>> rank(A)                    %求 A 的秩
ans =
     2
```

说明 $t = 5$ 时矩阵的秩等于2.

【例4-21】 求向量组 $a_1 = (1, -1, 2, 4)$, $a_2 = (0, 3, 1, 2)$, $a_3 = (3, 0, 7, 14)$, $a_4 = (1, -1, 2, 0)$, $a_5 = (2, 1, 5, 0)$ 的最大无关组，并将其他向量用最大无关组线性表示.

```
A = [1, -1,2,4;0,3,1,2;3,0,7,14;1, -1,2,0;2,1,5,0];
B = A';                       %求 A 的转置
rref(B)                       %求行最简形式
ans =
    1.0000         0    3.0000         0   -0.5000
         0    1.0000    1.0000         0    1.0000
         0         0         0    1.0000    2.5000
         0         0         0         0         0
```

在行最简形式中有 3 个非零行，因此向量组的秩等于 3. 非零行的首元素分别位于第 1，2，4 列，因此 a_1, a_2, a_4 是向量组的一个最大无关组. 第三列的前两个元素分别是 3，1，于是 $a_3 = 3a_1 + a_2$. 第五列的前三个元素分别是 $-0.5, 1, 2.5$，于是 $a_5 = -0.5a_1 + a_2 + 2.5a_4$.

【例 4-22】 设 $A = \begin{pmatrix} 0 & -2 & 1 \\ 3 & 0 & -2 \\ -2 & 3 & 0 \end{pmatrix}$，证明：矩阵 A 可逆，并用初等行变换求 A 的逆.

```
>>A = [0 -2 1;3 0 -2;-2 3 0];
>>E = eye(3);                    %生成3阶单位阵
>>AE = [A E]                     %生成矩阵(A E)
AE =
    0   -2    1    1    0    0
    3    0   -2    0    1    0
   -2    3    0    0    0    1
>>AENi = rref(AE)                %求 AE 的行最简形式
AENi =
    1    0    0    6    3    4
    0    1    0    4    2    3
    0    0    1    9    4    6
```

可以看到，矩阵 A 的逆已经求出. 为了取出 A 的逆，输入：

```
>>ANi = AENi(:,4:6)              %取出 AENi 的 4,5,6 列
ANi =
    6    3    4
    4    2    3
    9    4    6
```

或输入：

```
>> AENi(:,1:3) = []              %删除 AENi 的 1,2,3 列
AENi =
    6    3    4
    4    2    3
    9    4    6
```

4.2.2 矩阵和数组的点运算

在 MATLAB 中，提供了一种特殊的运算，即为点运算. 点运算包括点乘（.*）、点右除（./）、点左除（.\）和点乘方（.^）. 两个矩阵或数组进行点运算是指它们的对应元素进行相关运算，要求两矩阵或数组的维数相同.

【例 4-23】　数组的点运算.

```
>> a = 1:5
a =
     1     2     3     4     5
>> b = [2 4 6 7 8]
b =
     2     4     6     7     8
>> a.^2                    %点乘方,数组 a 的每个元素平方
ans =
     1     4     9    16    25
>> a.*b                    %点乘,数组 a 与数组 b 对应元素相乘
ans =
     2     8    18    28    40
```

【例 4-24】　矩阵的基本运算与点运算示例.

```
>> A = magic(3), B = [1,2,3;4,5,6;7,8,9]
A =
     8     1     6
     3     5     7
     4     9     2
B =
     1     2     3
     4     5     6
     7     8     9
>> A + B                   %矩阵的加法运算
ans =
     9     3     9
     7    10    13
    11    17    11
>> B + 3                   %矩阵与标量相加,将标量与矩阵的所有元素相加
ans =
     4     5     6
     7     8     9
    10    11    12
>> A * B                   %矩阵的乘法运算
ans =
    54    69    84
    72    87   102
    54    69    84
```

```
>>A. * B                %矩阵点乘, 即 A 与 B 对应元素相乘, 注意和 A * B 的区别
ans =
    8     2    18
   12    25    42
   28    72    18
>>A. \B                 %矩阵点左除, 即 A 和 B 对应元素相左除, 注意和 A\B 的区别
ans =
   0.1250    2.0000    0.5000
   1.3333    1.0000    0.8571
   1.7500    0.8889    4.5000
>>A. ^2                 %矩阵点乘方, 即 A 的每个元素平方, 注意和 A^2 的区别
ans =
   64     1    36
    9    25    49
   16    81     4
```

4.2.3 矩阵的特征值与特征向量、相似变换

矩阵的特征值及其特征向量在科学研究和工程计算中有非常广泛的应用, 物理、力学和工程技术中的许多问题往往归结成求矩阵的特征值及特征向量的问题.

矩阵的特征值
与特征向量

对于 n 阶方阵 A, 如果存在数 λ 和 n 维非零列向量 x, 使得等式 $Ax = \lambda x$ 成立, 则称数 λ 为矩阵 A 的一个特征值, 而非零向量 x 称为矩阵 A 的属于特征值 λ 的特征向量, 简称为特征向量. 为求矩阵 A 的特征值, 就要计算满足 $|A - \lambda E| = 0$ 成立的数 λ, 这里 λ 即为所求特征值. 其中

$$f(\lambda) = |A - \lambda E| = \lambda^n + a_1 \lambda^{n-1} + \cdots + a_{n-1}\lambda + a_n$$

称为矩阵 A 的特征多项式. 将所求出的特征值 λ 代入方程 $(A - \lambda E)x = 0$ 中, 求其所对应的非零向量 x, 这个非零向量 x 即为属于特征值 λ 的特征向量.

应用 MATLAB 求矩阵的特征值及特征向量的命令如下.

• poly(A): 求矩阵 A 的特征多项式, 给出的结果是多项式所对应的系数 (按降幂排列).

• d = eig(A): 返回矩阵 A 的全部特征值组成的列向量 (n 个特征值全部列出).

• [V, D] = eig(A): 返回 A 的特征值矩阵 D (主对角线的元素为特征值) 与特征向量矩阵 V (列向量和特征值一一对应), 满足 AV = VD. 在数值运算中, 该命令求得的每个特征向量都是单位向量, 并且属于同一特征值的线性无关特征向量已经正交化.

【例4-25】 已知矩阵 $A = \begin{pmatrix} -1 & 1 & 0 \\ -4 & 3 & 0 \\ 1 & 0 & 2 \end{pmatrix}$, 求 A 的特征多项式及全部特征值.

```
>>A = [ -1 1 0; -4 3 0; 1 0 2];
>>p = poly(A)                   %求矩阵 A 的特征多项式对应的系数
```

```
p =
    1    -4    5    -2
>>d = eig( A )          %求矩阵 A 的全部特征值组成的列向量
d =
    2
    1
    1
```

可以看到，A 的特征多项式为 $x^3 - 4x^2 + 5x - 2$，全部特征值为 2 和 1，其中 1 是二重根.

【例 4-26】　已知矩阵 $A = \begin{pmatrix} -2 & 1 & 1 \\ 0 & 2 & 0 \\ -4 & 1 & 3 \end{pmatrix}$，求 A 的特征值及其对应的特征向量.

```
>>A = [ -2 1 1;0 2 0; -4 1 3];
>>[ V,D ] = eig( A )          %求 A 的特征值矩阵 D 与特征向量矩阵 V
V =
    -0.7071    -0.2425    0.3015
          0          0    0.9045
    -0.7071    -0.9701    0.3015
D =
    -1    0    0
     0    2    0
     0    0    2
```

可以看到，返回矩阵 A 的特征值矩阵 D 中，主对角线的元素为 -1、2、2，其中 2 是二重根，对于 n 阶矩阵，返回的特征值矩阵也是 n 阶的，重根也全部列出，特征向量矩阵 V 的列向量分别是特征值 -1、2、2 所对应的特征向量.

若 n 阶方阵 A 有 n 个线性无关的特征向量，则 A 与对角阵相似. 实对称矩阵一定与对角阵相似，且存在正交阵 P，使 $P^{-1}AP$ 为对角阵. 通常我们可以利用矩阵的特征值与特征向量实现矩阵的对角化.

【例 4-27】　已知矩阵 $A = \begin{pmatrix} 4 & 1 & 1 \\ 2 & 2 & 2 \\ 2 & 2 & 2 \end{pmatrix}$ 求一个可逆矩阵 P，使 $P^{-1}AP$ 为对角阵.

```
>>A = [4 1 1;2 2 2;2 2 2];
>> [P,D] = eig( A )          %求 A 的特征值矩阵 D 与特征向量矩阵 P
P =
    0.5774    0.5774    -0.0000
    0.5774    -0.5774    -0.7071
    0.5774    -0.5774     0.7071
```

```
D =
    6.0000         0          0
         0    2.0000          0
         0         0    -0.0000
```

可以看到，矩阵 A 的特征值为 0、2、6. 而特征向量矩阵 P 就是要求的相似变换矩阵. 下面验证 $P^{-1}AP$ 为对角阵.

```
>> inv(P) * A * P              %计算 P^(-1)AP
ans =
    6.0000    -0.0000     0.0000
   -0.0000     2.0000    -0.0000
   -0.0000     0.0000    -0.0000
```

可见，方阵 A 在相似变换矩阵 P 的作用下，可化作对角阵.

【例 4-28】 已知实对称矩阵 $A = \begin{pmatrix} 0 & 1 & 1 & 0 \\ 1 & 0 & 1 & 0 \\ 1 & 1 & 0 & 0 \\ 0 & 0 & 0 & 2 \end{pmatrix}$，求一个正交矩阵 P，使 $P^{-1}AP$ 为对角阵.

```
>> A = [0 1 1 0;1 0 1 0;1 1 0 0;0 0 0 2];
>> [P,D] = eig(A)              %求 A 的特征值矩阵 D 与特征向量矩阵 P
P =
   -0.6282    -0.5216    -0.5774         0
   -0.1376     0.8048    -0.5774         0
    0.7658    -0.2832    -0.5774         0
         0         0         0    1.0000
D =
   -1.0000         0         0         0
         0    -1.0000         0         0
         0         0    2.0000         0
         0         0         0    2.0000
```

可以看到，矩阵 A 的特征值为 -1（二重根）、2（二重根）. 而特征向量矩阵 P 就是要求的正交矩阵. 下面验证 P 是正交矩阵，且 $P^{-1}AP = P^{T}AP$ 是对角阵.

```
>> transpose(P) * P           %计算 P'*P，验证 P 是否为正交矩阵
ans =
    1.0000    0.0000   -0.0000         0
    0.0000    1.0000    0.0000         0
   -0.0000    0.0000    1.0000         0
         0         0         0    1.0000
```

```
>> X1 = inv(P) * A * P        % 验证 P^( -1) * A * P 是否为对角阵
X1 =
     -1.0000     0.0000     0.0000          0
     -0.0000    -1.0000    -0.0000          0
      0.0000     0.0000     2.0000          0
           0          0          0     2.0000
>> X2 = transpose(P) * A * P   % 验证 P' * A * P 是否为对角阵
X2 =
     -1.0000    -0.0000     0.0000          0
     -0.0000    -1.0000     0.0000          0
      0.0000     0.0000     2.0000          0
           0          0          0     2.0000
```

可见，方阵 **A** 在正交矩阵 **P** 的作用下，可化作对角阵.

4.3　稀疏矩阵

在实际的工程应用中，许多矩阵含有大量的零元素，只有少数非零元素，我们称这样的矩阵为稀疏矩阵. 若按照一般的存储方式对待稀疏矩阵，零元素将占据大量的空间，从而使得矩阵的生成和计算速度受到影响，效率下降. 为此，MATLAB 提供了专门函数，只存储矩阵中的少量非零元素并对其进行运算，从而节省内存和计算时间.

矩阵的存储方式有两种：完全存储方式和稀疏存储方式，完全存储方式是将矩阵的全部元素按列存储，就是一般的矩阵存储方式. 稀疏存储方式是仅存储矩阵所有非零元素的值及其所在的行号和列号，这对含有大量零元素的稀疏矩阵是十分有效的.

4.3.1　稀疏矩阵的创建与存储

在 MATLAB 中，不会自动生成稀疏矩阵，只有根据矩阵的非零元素的多少，并常根据矩阵密度来确定是否把矩阵定义为稀疏矩阵. 一般的，可以用命令 sparse 来创建一个稀疏矩阵，其调用格式如下.

- S = sparse(A)：表示将矩阵 A 转化为稀疏矩阵 S. 当矩阵 A 是稀疏矩阵时，则函数调用相当于 S = A.
- S = sparse(i,j,s,m,n,nzmax)：创建 m×n 维稀疏矩阵 S，其中 i 和 j 分别是矩阵非零元素的行和列指标向量，s 是非零值向量，它的下标由对应的数对 (i,j) 确定，nzmax 指定了非零元素的存储空间，默认状态下 nzmax 为 length (s).
- S = sparse(i,j,s)：其中 i、j、s 是 3 个等长的向量.
- S = sparse(m,n)：表示生成一个 m×n 的所有元素都是 0 的稀疏矩阵.

【例 4-29】　将矩阵 $A = \begin{pmatrix} 0 & 0 & 5 & 0 \\ 1 & 0 & 0 & 2 \\ 0 & 3 & 0 & 0 \end{pmatrix}$ 转化为稀疏矩阵.

```
>>A = [0 0 5 0;1 0 0 2;0 3 0 0];
>>S = sparse(A)                    %将矩阵 A 转化为稀疏矩阵 S
S =
    (2,1)          1
    (3,2)          3
    (1,3)          5
    (2,4)          2
```

可以通过 sparse 函数直接完成稀疏矩阵 S 的创建,如下:

```
S = sparse([2 3 1 2],1:4,[1 3 5 2])   %S = sparse(i,j,s),其中 i、j、s 是 3 个等长的向量
S =
    (2,1)          1
    (3,2)          3
    (1,3)          5
    (2,4)          2
```

【例 4-30】 创建一个 6×6 的稀疏矩阵,要求非零元素在主对角线上,其数值为 5.

```
S = sparse(1:6,1:6,5)
S =
    (1,1)          5
    (2,2)          5
    (3,3)          5
    (4,4)          5
    (5,5)          5
    (6,6)          5
```

4.3.2 稀疏矩阵还原成全元素矩阵

在某些情况下,需要清晰地看到稀疏矩阵的全貌,这时可以通过 full 函数来查看. full 函数的调用格式如下.

 • A = full(S):将稀疏矩阵 S 转化为全元素矩阵 A.

【例 4-31】 创建一个 4 阶稀疏矩阵,并将其还原成全矩阵,要求非零元为:$a_{12} = 5$,$a_{23} = 3$,$a_{32} = 1$.

```
>>S = sparse([1 2 3],[2 3 2],[5 3 1],4,4)   %S = sparse(i,j,s,m,n)
S =
    (1,2)          5
    (3,2)          1
    (2,3)          3
>>A = full(S)                      %将稀疏矩阵 S 转化为全元素矩阵 A
```

```
A =
     0     5     0     0
     0     0     3     0
     0     1     0     0
     0     0     0     0
```

【例 4-32】　创建 6 阶稀疏矩阵并将其转化为全元素矩阵，要求：主对角线的元素全为 1，主对角线之上的元素全为 – 1，主对角线之下的元素为 1、2、3、4、5.

```
% 创建只含有主对角线元素的稀疏矩阵，主对角线的元素全为 1
>> S1 = sparse(1:6,1:6,1);
% 创建只含有主对角线之上元素的稀疏矩阵，维数为 6×6，其中非零元是 5 个，全为 – 1
>> S2 = sparse(1:5,2:6, – 1,6,6);
% 创建只含有主对角线之下元素的稀疏矩阵，维数为 6×6，其中非零元分别为 1,2,3,4,5
>> S3 = sparse(2:6,1:5,1:5,6,6);
>> S = S1 + S2 + S3            % 与全元素矩阵一样，稀疏矩阵相加
S =
    (1,1)        1
    (2,1)        1
    (1,2)       -1
    (2,2)        1
    (3,2)        2
    (2,3)       -1
    (3,3)        1
    (4,3)        3
    (3,4)       -1
    (4,4)        1
    (5,4)        4
    (4,5)       -1
    (5,5)        1
    (6,5)        5
    (5,6)       -1
    (6,6)        1
>> A = full(S)            % 将稀疏矩阵 S 转化为全元素矩阵 A
A =
     1    -1     0     0     0     0
     1     1    -1     0     0     0
     0     2     1    -1     0     0
     0     0     3     1    -1     0
     0     0     0     4     1    -1
     0     0     0     0     5     1
```

4.3.3 稀疏矩阵的查看

对于稀疏矩阵而言，经常需要查看非零项，MATLAB 中用到以下函数来实现.

- nnz(S)：查看稀疏矩阵 S 中非零项的个数.
- nonzeros(S)：查看稀疏矩阵 S 中所有非零项.
- nzmax(S)：返回稀疏矩阵 S 中非零项所占的存储空间.
- find(S)：返回稀疏矩阵 S 中非零项的值及行数和列数.

【例 4-33】 设有稀疏矩阵 S，查看其信息.

```
>>S = sparse([1 2 3 3],[1 3 2 1],[-1 1 3 -2],5,4);
>>n = nnz(S)                %S 中非零项的个数
n =
     4
>>nonzeros(S)              %S 中非零项的值
ans =
    -1
    -2
     3
     1
>>nzmax(S)                 %S 中非零项的存储空间
ans =
     4
>>[i,j,s] = find(S)        %S 中非零项所在的行,列及数值
i =
     1
     3
     3
     2
j =
     1
     1
     2
     3
s =
    -1
    -2
     3
     1
```

将稀疏矩阵 S 还原成全元素矩阵，验证以上结论：

```
>>A = full(S)
A =
    -1    0    0    0
     0    0    1    0
    -2    3    0    0
     0    0    0    0
     0    0    0    0
```

4.3.4　基本稀疏矩阵

在 MATLAB 中，有 4 个基本稀疏矩阵，分别是单位稀疏矩阵、随机稀疏矩阵、稀疏对称随机矩阵和稀疏带状矩阵.

1. speye 函数

在 MATLAB 中提供了 speye 函数创建单位稀疏矩阵，其调用格式如下.

- S = speye(m,n)：返回一个主对角线元素取值为 1 的 m 行 n 列单位稀疏矩阵.
- S = speye(n)：返回一个主对角线元素取值为 1 的 n 阶单位稀疏方阵.

【例 4-34】　创建单位稀疏矩阵.

```
>>S = speye(4,6)                %创建 4 行 6 列单位稀疏矩阵
S =
  (1,1)        1
  (2,2)        1
  (3,3)        1
  (4,4)        1
>>A = full(S)
A =
    1    0    0    0    0    0
    0    1    0    0    0    0
    0    0    1    0    0    0
    0    0    0    1    0    0
```

2. sprand 函数

在 MATLAB 中提供了 sprand 函数实现随机稀疏矩阵的创建，其调用格式如下.

- R = sprand(S)：返回一个和矩阵 S 具有相同密度，但其中非零项的取值呈均匀随机分布的稀疏矩阵.
- R = sprand(m,n,density)：返回一个 m 行 n 列均匀随机分布的稀疏矩阵. 其中参数 density 用来指定稀疏矩阵的密度，其取值范围为 [0,1].

【例 4-35】　创建随机稀疏矩阵.

```
>>S = eye(5);           %创建 5 阶单位矩阵
>>R = sprand(S)         %把 5 阶单位矩阵转化为随机稀疏矩阵
```

R =
   (1,1)   0.9501
   (2,2)   0.2311
   (3,3)   0.6068
   (4,4)   0.4860
   (5,5)   0.8913
>>T = full(R)
T =
   0.9501   0   0   0   0
        0   0.2311   0   0   0
        0   0   0.6068   0   0
        0   0   0   0.4860   0
        0   0   0   0   0.8913
>>R = full(sprand(5,5,0.5))   % 创建 5 阶随机分布的稀疏矩阵, 数据密度 0.5
R =
        0   0.1614   0.8295   0   0
        0   0   0.9561   0.5955   0
   0.0287   0   0.8121   0   0
        0   0.6101   0.7015   0   0.0922
        0   0.4249   0.3756   0   0

3. sprandsym 函数

在 MATLAB 中提供了 sprandsym 函数实现稀疏对称随机矩阵的创建, 其调用格式如下.

• R = sprandsym(S): 返回一个对称随机矩阵. 其下三角和对角线部分和矩阵 S 具有相同结构, 而且该矩阵元素呈正态分布.

• R = sprandsym(n,density): 返回一个 n 阶对称随机稀疏矩阵. 其中参数 density 用来指定稀疏矩阵的密度, 其取值范围为 [0, 1].

• R = sprandsym(n,density,rc): 返回一个 n 阶对称随机稀疏矩阵. 其中参数 density 用来指定稀疏矩阵的密度, 其取值范围为 [0, 1]; 参数 rc 用来指定矩阵的条件数.

【例 4-36】 创建一个 4 阶随机稀疏矩阵.

>>S = [1 0 2 3;0 2 6 7;0 0 1 9;2 3 7 8];
>>R1 = full(sprandsym(S))   % R1 的下三角和对角线部分和 S 具有相同结构
R1 =
   0.0593   0   0   -1.3362
        0   -0.0956   0   0.7143
        0   0   -0.8323   1.6236
  -1.3362   0.7143   1.6236   0.2944
>>R2 = full(sprandsym(5,0.5))   % 创建 5 阶对称随机稀疏矩阵

```
R2 =
        0      0.5711    0.8580         0     -0.3999
    0.5711         0         0         0     -1.4410
    0.8580         0         0     -0.9037         0
        0          0     -0.9037        0      1.2540
   -0.3999    -1.4410        0      1.2540    -0.6918
```

4. spdiags 函数

在 MATLAB 中提供了 spdiags 函数实现对角稀疏矩阵的创建,其调用格式如下.

• [B,d] = spdiags(A):从矩阵 A 中取出所有非零对角元素,并保存在矩阵 B 中,向量 d 表示非零元素的对角线位置.

• B = spdiags(A,d):从矩阵 A 中取出由 d 指定的对角线元素,并保存在矩阵 B 中.

• A = spdiags(B,d,A):用矩阵 B 中的列代替由 d 指定的对角线元素,并返回一个稀疏矩阵.

• A = spdiags(B,d,m,n):创建一个 m 行 n 列的稀疏矩阵 A,其元素是 B 中的列元素放在由 d 指定的对角线位置上.

【例 4-37】 spdiags 函数使用示例.

```
>>A =[0 5 0 10 0 0;0 0 6 0 11 0;3 0 0 7 0 12;1 4 0 0 8 0;0 2 5 0 0 9]
A =
     0     5     0    10     0     0
     0     0     6     0    11     0
     3     0     0     7     0    12
     1     4     0     0     8     0
     0     2     5     0     0     9
>>[B,d] = spdiags(A)          % 返回矩阵 A 的所有非零对角元素
B =
     0     0     5    10
     0     0     6    11
     0     3     7    12
     1     4     8     0
     2     5     9     0
d =
    -3
    -2
     1
     3
>>B = reshape(1:15,5,3)        % 创建 5 行 3 列的矩阵 B
```

```
B =
    1    6    11
    2    7    12
    3    8    13
    4    9    14
    5    10   15
>>A = full(spdiags(B,[-2 0 2],4,5))  % 利用 B 中的列元素生产对角稀疏矩阵 A
A =
    6    0    11    0    0
    0    7    0    12   0
    3    0    8     0    13
    0    4    0     9    0
```

4.4 线性方程组的解法

在许多实际问题中，我们经常会碰到线性方程组的求解问题，本节将主要介绍 MATLAB 中线性方程组的常用解法.

线性方程组求解

4.4.1 齐次线性方程组的求解

对于齐次线性方程组 $Ax=0$ 而言，可以通过求系数矩阵 A 的秩来判断解的情况. 如果系数矩阵的秩等于 n（方程组中未知数的个数），则方程组只有零解；如果系数矩阵的秩小于 n，则方程组有无穷多解.

可以利用 MATLAB 提供的 null（A）求得方程组 $Ax=0$ 的解，也可以通过对系数矩阵进行行变换变成行最简形式来求解.

【例 4-38】 求方程组 $\begin{cases} x_1 + 2x_2 + 2x_3 + x_4 = 0, \\ 2x_1 + x_2 - 2x_3 - 2x_4 = 0, \\ x_1 - x_2 - 4x_3 - 3x_4 = 0 \end{cases}$ 的解.

建立 M 文件 chap4_38.m，MATLAB 代码如下：

```
clear all;
A = [1 2 2 1;2 1 -2 -2;1 -1 -4 -3];      % 系数矩阵 A
format rat                                % 有理数显示数据
n = 4;
R = rank(A)                               % 求 A 的秩
if R == n                                 % 如果 R 与 n 相等
    fprintf('方程组只有零解');
else                                      % R 不等于 n
    B = null(A,'r')                       % 'r'表示解空间的有理基
end
```

运行结果为:

```
R =
    2
B =
    2         5/3
   -2        -4/3
    1          0
    0          1
```

结果分析:可以看出系数矩阵 A 的秩为 2,小于未知数个数 $n=4$,所以有无穷多解,其中通过 null 函数求的基础解析为:

$$\boldsymbol{\xi}_1 = \begin{pmatrix} 2 \\ -2 \\ 1 \\ 0 \end{pmatrix}, \quad \boldsymbol{\xi}_2 = \begin{pmatrix} 5/3 \\ -4/3 \\ 0 \\ 1 \end{pmatrix}$$

故所求方程组的通解为:$c_1\boldsymbol{\xi}_1 + c_2\boldsymbol{\xi}_2 (c_1, c_2 \in R)$.

【例 4-39】 求方程组 $\begin{cases} x_1 - 8x_2 + 10x_3 + 2x_4 = 0, \\ 2x_1 + 4x_2 + 5x_3 - x_4 = 0, \\ 3x_1 + 8x_2 + 6x_3 - 2x_4 = 0 \end{cases}$ 的解.

```
>>A = [1 -8 10 2;2 4 5 -1;3 8 6 -2];
>>s = rref(A)              % 求矩阵 A 的行最简形矩阵
s =
    1      0       4        0
    0      1     -3/4     -1/4
    0      0       0        0
```

结果分析:可以看出系数矩阵 A 的秩为 2,小于未知数个数 $n=4$,所以有无穷多解. 原方程组对应的同解方程组为:

$$\begin{cases} x_1 = -4x_3, \\ x_2 = \dfrac{3}{4}x_3 + \dfrac{1}{4}x_4, \end{cases}$$

分别取 $\begin{pmatrix} x_3 \\ x_4 \end{pmatrix} = \begin{pmatrix} 1 \\ -3 \end{pmatrix}$ 和 $\begin{pmatrix} x_3 \\ x_4 \end{pmatrix} = \begin{pmatrix} 0 \\ 4 \end{pmatrix}$ 和,解得方程组的基础解系为:

$$\boldsymbol{\xi}_1 = \begin{pmatrix} -4 \\ 0 \\ 1 \\ -3 \end{pmatrix}, \quad \boldsymbol{\xi}_2 = \begin{pmatrix} 0 \\ 1 \\ 0 \\ 4 \end{pmatrix}$$

所以所求方程组的通解为:$c_1\boldsymbol{\xi}_1 + c_2\boldsymbol{\xi}_2$ $(c_1, c_2 \in R)$.

4.4.2 非齐次线性方程组的求解

对于非齐次线性方程组 $Ax = b$ 而言，则要根据系数矩阵 A 的秩、增广矩阵 $B = [A, b]$ 的秩和未知数个数 n 的关系，来判断方程组 $Ax = b$ 的解的情况.

1）如果系数矩阵的秩等于增广矩阵的秩等于 n，则方程组有唯一解.

2）如果系数矩阵的秩等于增广矩阵的秩小于 n，则方程组有无穷多解.

3）如果系数矩阵的秩小于增广矩阵的秩，则方程组无解.

对于非齐次线性方程组 $Ax = b$ 而言，首先应判断方程组的解的情况. 若有解，先求出方程组的特解，然后求出对应齐次方程组的通解. 最后，写出非齐次方程组的通解，即特解加对应齐次方程组的通解.

求 $Ax = b$ 对应的齐次方程组 $Ax = 0$ 的通解，可以利用函数 null 函数或对系数矩阵 A 实行行变换. 求 $Ax = b$ 的特解，方法较多，根据方程组中方程个数 m 和未知数的个数 n，可以把方程组 $Ax = b$ 分为超定方程组（$m > n$）、恰定方程组（$m = n$）和欠定方程组（$m < n$），我们可以根据系数矩阵 A 的性质选用适当的计算方法，如求解恰定方程组，可以使用逆矩阵法、" \ "法、初等变换法、LU 分解法、QR 分解法、Cholesky 分解法等.

1. 逆矩阵法和" \ "法

对于线性方程组 $Ax = b$，若其系数矩阵 A 是可逆方阵，则解为 $x = A^{-1}b$，则可由命令 $x = \mathrm{inv}(A) * b$ 或命令 $x = A\backslash b$ 求得. 其中第一种命令形式是运用逆矩阵求解，第二种命令形式是用矩阵的左除求得. 我们建议使用第二种形式，因为与第一种相比，其求解速度更快，数值更精确.

【例 4-40】　求方程组 $\begin{cases} x_1 + 2x_2 + 3x_3 = 2, \\ x_1 + 3x_2 + 5x_3 = 4, \\ 2x_1 + 5x_2 + 9x_3 = 7 \end{cases}$ 的解.

```
>>A = [1 2 3;1 3 5;2 5 9];
>>b = [2;4;7];              %b 为列向量
>>x = A\b                   %矩阵的左除
x =
      -1
       0
       1
或
>>x = inv(A) * b            %运用逆矩阵求解
x =
      -1
       0
       1
```

对于矩阵方程形式为 $AX = B$ 或 $XA = B$（其中 A、X 和 B 都是矩阵），则可直接使用左除或右除来对方程组求解. 命令格式如下.

- X = A \ B：表示求解矩阵方程 AX = B 的解；
- X = B/A：表示求解矩阵方程 XA = B 的解.

【例 4-41】 求解矩阵方程：$X \begin{pmatrix} 2 & 1 & -1 \\ 2 & 1 & 0 \\ 1 & -1 & 1 \end{pmatrix} = \begin{pmatrix} 1 & -1 & 3 \\ 4 & 3 & 2 \end{pmatrix}$.

```
>>A = [2 1 -1 ; 2 1 0 ; 1 -1 1];
>>B = [1 -1 3 ; 4 3 2];
>>X = B/A
X =
    -2              2              1
    -8/3            5              -2/3
```

2. 初等变换法

通过对系数矩阵 A 或增广矩阵 B 进行初等行变换，将其化简为行最简形矩阵，MATLAB 的命令是 rref(A) 或 rref(B). 通过观察它们的秩与未知量的个数 n 之间的关系判别解的情况，或由 MATLAB 中的命令 rank(A) 或 rank(B) 求得系数矩阵或增广矩阵的秩. 如果有解，可由行最简形矩阵写出对应的同解方程组，进而求出通解.

【例 4-42】 求方程组 $\begin{cases} x_1 + 2x_2 + x_3 - 2x_4 = 3, \\ 2x_1 + 3x_2 - x_4 = 5, \\ x_1 - x_2 - 5x_3 + 7x_4 = 0 \end{cases}$ 的通解.

```
>>A = [1 2 1 -2;2 3 0 -1;1 -1 -5 7];
>>b = [3;5;0];
>>B = [A,b];
>>rref(B)               % 求矩阵 B 的行最简形矩阵
ans =
    1       0       -3      4       1
    0       1       2       -3      1
    0       0       0       0       0
>>null(A,'r')          % 求对应的齐次方程组的有理基
ans =
    3       -4
    -2      3
    1       0
    0       1
```

结果分析：通过行最简形矩阵可以看出增广矩阵 B 的秩为 2，小于未知数个数 $n = 4$，所以有无穷多解. 原方程组对应的同解方程组为：

$$\begin{cases} x_1 = 3x_3 - 4x_4 + 1 \\ x_2 = -2x_3 + 3x_4 + 1 \end{cases},$$

令 $x_3 = x_4 = 0$ 得 $x_1 = 1$，$x_2 = 1$. 所以方程组的一个特解为：$\boldsymbol{\eta}^* = \begin{pmatrix} 1 \\ 1 \\ 0 \\ 0 \end{pmatrix}$

又因为，对应齐次方程组的一个基础解析为：

$$\boldsymbol{\xi}_1 = \begin{pmatrix} 3 \\ -2 \\ 1 \\ 0 \end{pmatrix}, \quad \boldsymbol{\xi}_2 = \begin{pmatrix} -4 \\ 3 \\ 0 \\ 1 \end{pmatrix}$$

所以所求方程组的通解为：$c_1 \boldsymbol{\xi}_1 + c_2 \boldsymbol{\xi}_2 + \boldsymbol{\eta}^*$ $(c_1, c_2 \in \mathrm{R})$.

3. LU 分解法

矩阵的 LU 分解是指将一个方阵 A 分解为一个下三角置换矩阵 L 和一个上三角矩阵 U 的乘积，如 $A = LU$ 的形式，矩阵的 LU 分解又称为高斯消去分解或三角分解.

n 阶矩阵 A 有唯一的 LU 分解的充要条件是 A 的各阶顺序主子式不为零，矩阵 LU 分解命令格式如下：

- $[L, U] = lu(A)$：将方阵 A 分解为一个下三角置换矩阵 L 和一个上三角矩阵 U 的乘积. 使用此命令时，矩阵 L 往往不是一个下三角矩阵，但可以通过行交换转化为一个下三角矩阵.

- $[L, U, P] = lu(A)$：将方阵 A 分解为一个下三角矩阵 L 和一个上三角矩阵 U 以及一个置换矩阵 P，使之满足：PA = LU.

将矩阵 A 进行 LU 分解后，线性方程组 $Ax = b$ 的解为 $x = U \backslash (L \backslash b)$ 或 $x = U \backslash (L \backslash Pb)$.

【例 4-43】 对矩阵 $A = \begin{pmatrix} 1 & 2 & 3 \\ 4 & 5 & 6 \\ 7 & 8 & 8 \end{pmatrix}$ 进行 LU 分解.

```
>>A = [1 2 3;4 5 6;7 8 8];
>>[L,U] = lu(A)              % 对矩阵 A 进行 LU 分解
L =
    0.1429    1.0000         0
    0.5714    0.5000    1.0000
    1.0000         0         0
U =
    7.0000    8.0000    8.0000
         0    0.8571    1.8571
         0         0    0.5000
```

其中矩阵 L 可以通过行交换转化为一个下三角矩阵.

也可以使用命令 $[L, U, P] = lu(A)$ 进行 LU 分解，如下：

```
>>A = [1 2 3;4 5 6;7 8 8];
>>[L,U,P] = lu(A)
```

```
L =
    1.0000         0         0
    0.1429    1.0000         0
    0.5714    0.5000    1.0000
U =
    7.0000    8.0000    8.0000
         0    0.8571    1.8571
         0         0    0.5000
P =
    0    0    1
    1    0    0
    0    1    0
```

可以验证 $PA = LU$ 成立:

```
>>P * A - L * U                    % 验证 PA = LU
ans =
    0    0    0
    0    0    0
    0    0    0
```

【例 4-44】 通过矩阵 LU 分解求解方程: $\begin{pmatrix} 1 & 2 & 3 & 4 \\ 1 & 2^2 & 3^2 & 4^2 \\ 1 & 2^3 & 3^3 & 4^3 \\ 1 & 2^4 & 3^4 & 4^4 \end{pmatrix} \begin{pmatrix} x_1 \\ x_2 \\ x_3 \\ x_4 \end{pmatrix} = \begin{pmatrix} 4 \\ 20 \\ 82 \\ 320 \end{pmatrix}$.

```
>>a = 1:4;
>>A = [a;a.^2;a.^3;a.^4]           % 利用数组 a 快速输入矩阵 A
A =
    1     2     3     4
    1     4     9    16
    1     8    27    64
    1    16    81   256
>>[L,U] = lu(A);                   % 对矩阵 A 进行 LU 分解
>>b = [4;20;82;320];
>>x1 = U\(L\b)
x1 =
   -1.0000
   -1.0000
    1.0000
    1.0000
```

利用 LU 分解法比用"＼"法更节省时间，现用 A 的逆求解方程组：

```
>> x2 = inv(A) * b
x2 =
    -1.0000
    -1.0000
     1.0000
     1.0000
```

4. QR 分解法

矩阵的 QR 分解是指将一个矩阵 A 分解为一个正交矩阵 Q 和一个上三角矩阵 R 的乘积，如 $A = QR$ 的形式，其中 Q 是正交矩阵，满足 $QQ^T = E$（E 指单位矩阵）. 矩阵的 QR 分解又称为正交分解.

矩阵 QR 分解的命令格式如下.

- $[Q,R] = qr(A)$：将矩阵 A 分解为一个正交矩阵 Q 和一个上三角矩阵 R 的乘积.
- $[Q,R,P] = qr(A)$：将矩阵 A 分解为一个正交矩阵 Q 和一个上三角矩阵 R 以及一个置换矩阵 P，使之满足 AP = QR.

将矩阵 A 进行 QR 分解后，线性方程组 $Ax = b$（其中 A 为方阵）的解为：$x = R\backslash(Q\backslash b)$ 或 $x = P(R\backslash(Q\backslash b))$.

【例 4-45】 对矩阵 $A = \begin{pmatrix} 1 & -1 & 2 & 4 \\ 0 & 2 & 7 & 3 \\ 9 & 6 & 1 & -2 \\ 3 & 4 & -1 & -6 \end{pmatrix}$ 进行 QR 分解.

```
>> A = [1 -1 2 4;0 2 7 3;9 6 1 -2;3 4 -1 -6];
>> [Q,R] = qr(A)      % 对矩阵进行 QR 分解
Q =
    -0.1048     0.5272     0.4709     0.6995
         0    -0.6151     0.7857    -0.0653
    -0.9435     0.1318     0.0788    -0.2938
    -0.3145    -0.5712    -0.3933     0.6482
R =
    -9.5394    -6.8139    -0.8386     3.3545
         0    -3.2514    -2.5484     3.4271
         0         0      6.9139     6.4430
         0         0          0     -0.6995
```

为验证结果是否正确，输入如下命令：

```
>> Q * Q'              % 验证 Q 是否为正交矩阵
ans =
     1.0000      -0.0000      -0.0000      -0.0000
    -0.0000       1.0000      -0.0000       0.0000
    -0.0000      -0.0000       1.0000      -0.0000
    -0.0000       0.0000      -0.0000       1.0000
>> Q * R               % 验证 A = QR
ans =
     1.0000      -1.0000       2.0000       4.0000
          0       2.0000       7.0000       3.0000
     9.0000       6.0000       1.0000      -2.0000
     3.0000       4.0000      -1.0000      -6.0000
```

说明结果正确. 也可以使用命令 [Q,R,P] = qr(A) 进行 QR 分解, 如下:

```
>> A = [1  -1 2 4;0 2 7 3;9 6 1  -2;3 4  -1  -6];
>> [Q,R,P] = qr(A)
Q =
    -0.1048      -0.2595       0.5631       0.7776
          0      -0.9500      -0.2946      -0.1037
    -0.9435      -0.0283       0.1871      -0.2722
    -0.3145       0.1715      -0.7491       0.5573
R =
    -9.5394      -0.8386       3.3545      -6.8139
          0      -7.3686      -4.8602      -1.1245
          0            0       5.4887      -3.0259
          0            0            0      -0.3888
P =
     1      0      0      0
     0      0      0      1
     0      1      0      0
     0      0      1      0
```

【例 4-46】 利用矩阵的 QR 分解求解方程:
$$\begin{cases} 2x_1 + x_2 + x_3 + 4x_4 = 7, \\ x_1 + 2x_2 - x_3 + 4x_4 = 5, \\ x_1 - x_2 + 3x_3 + 3x_4 = 2, \\ 2x_1 + x_2 - 2x_3 + 2x_4 = 9. \end{cases}$$

```
>> A = [2 1 1 4;1 2  -1 4;1  -1 3 3;2 1  -2 2];
>> b = [7;5;2;9];
>> [Q,R] = qr(A);
```

```
>>x = R\(Q\b)
x =
    3.4762
   -0.2381
   -0.8571
    0.2857
```

5. Cholesky 分解法

矩阵的 Cholesky（楚列斯基）分解是指将对称正定矩阵 A 分解成一个下三角矩阵和其转置矩阵（一个下三角矩阵）的乘积，如 $A = R^T R$ 的形式.

矩阵 Cholesky 分解的命令格式如下：

- R = chol(A)：产生一个上三角矩阵 R，使得 $A = R^T R$. 注意：A 为对称且正定的矩阵，若输入的 A 不是此类型矩阵，则输出一条出错信息.

- [R,p] = chol(A)：产生一个上三角矩阵 R 以及一个数 p. 当 A 为对称正定矩阵时，输出与 R = chol（A）相同的上三角矩阵 R，此时 p = 0；当 A 不是对称正定矩阵时，该命令不显示出错信息，此时 p 为一个正数，若 A 为满秩矩阵，则此时输出的 R 为一个阶数为 p - 1 的上三角矩阵.

将矩阵 A 进行 Cholesky 分解后，线性方程组 $Ax = b$ 的解为 $x = R\backslash(R^T\backslash b)$.

【例 4-47】 对矩阵 $A = \begin{pmatrix} 2 & 1 & -1 \\ 1 & 2 & 0 \\ -1 & 0 & 1 \end{pmatrix}$ 进行 Cholesky 分解.

```
>>A = [2 1 -1;1 2 0;-1 0 1];
>>R = chol(A)
R =
    1.4142    0.7071   -0.7071
         0    1.2247    0.4082
         0         0    0.5774
>>R'*R                        % 验证
ans =
    2.0000    1.0000   -1.0000
    1.0000    2.0000   -0.0000
   -1.0000   -0.0000    1.0000
```

也可以使用命令 [R, p] = chol(A) 进行 Cholesky 分解，如下：

```
>>A = [2 1 -1;1 2 0;-1 0 1];
>>[R,p] = chol(A)
R =
    1.4142    0.7071   -0.7071
         0    1.2247    0.4082
         0         0    0.5774
p =
    0
```

【例 4-48】　利用矩阵的 Cholesky 分解求解方程：$\begin{cases} 25x_1 + 15x_2 - 5x_3 = 1, \\ 15x_1 + 18x_2 \qquad = 2, \\ -5x_1 \qquad + 11x_3 = 5. \end{cases}$

```
>> A = [25 15 -5;15 18 0; -5 0 11];
>> b = [1;2;5];
>> R = chol(A);              %将矩阵 A 进行 Cholesky 分解
>> x1 = R\(R'\b)
x1 =
    0.1570
   -0.0198
    0.5259
>> x2 = inv(A)*b             %用逆矩阵法进行验证
x2 =
    0.1570
   -0.0198
    0.5259
```

习　题　4

1. 在命令行直接输入元素来创建矩阵时，矩阵元素必须在（　　）中.
(A) 方括号 [ ]　　　　(B) 圆括号 ( )　　　　(C) 花括号 { }　　　　(D) 以上都可以

2. 设 A = [1,2; -4, -5;1,3]，命令 A(:,1) = [ ] 的输出结果是（　　）.

(A) $\begin{matrix} 2 \\ -5 \\ 3 \end{matrix}$　　　　(B) $\begin{matrix} -4 & -5 \\ 1 & 3 \end{matrix}$　　　　(C) $\begin{matrix} 1 & 2 \\ 1 & 3 \end{matrix}$　　　　(D) $\begin{matrix} 1 & 2 \\ -4 & -5 \end{matrix}$

3. 线性方程组 **XA** = **B** 求解的 MATLAB 命令是（　　）.
(A) X = A \ B　　　　(B) X = A/B　　　　(C) X = B \ A　　　　(D) X = B/A

4. 线性方程组 $\begin{cases} 2x + 3y = 4 \\ x - y = 1 \end{cases}$，命令 A = [2,3;1, -1]，b = [4,1]，则下列求解线性方程组解的命令中错误的是（　　）.
(A) A^(-1) * transpose(b)　　　　(B) inv(A) * b
(C) A^(-1) * b'　　　　(D) inv(A) * transpose(b)

5. 用函数 linspace 生成数组 1:10 的命令为＿＿＿＿＿＿＿＿.

6. 若 A = [9 8 7;3 2 11]，则 A.^2 = ＿＿＿＿＿＿＿＿.

7. 求矩阵 **A** 的行列式的命令为＿＿＿＿；求矩阵 **A** 的行最简形式的命令为＿＿＿＿＿；求矩阵 **A** 的秩的命令为＿＿＿＿＿.

8. 设 **A** 是一个 8 阶方阵，将矩阵 **A** 的第二行第五列的值改为 3 的命令是＿＿＿＿＿，选取矩阵 **A** 第三、五、七行的指令是＿＿＿＿＿＿，删除矩阵 **A** 的第二、六列的指令是

_____.

9. 创建一个 4 阶稀疏矩阵，使其副对角线上元素全为 -1.

10. 求矩阵 $A = \begin{pmatrix} 2 & 1 & 1 \\ 1 & 2 & 1 \\ 1 & 1 & 2 \end{pmatrix}$ 的特征多项式、特征值和特征向量.

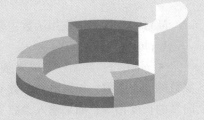

第 5 章

MATLAB 绘图

　　MATLAB 不仅具有强大的数值运算功能，还具有强大的二维和三维绘图功能，尤其擅长于各种科学计算运算结果的可视化．计算的可视化可以将杂乱的数据通过图形来表示，从中观测出其内在的关系．MATLAB 的图形命令格式简单，可以使用不同线型、色彩、数据点标记和标注等来修饰图形．

　　本章主要介绍 MATLAB 图形处理的相关知识，涉及基本的绘图处理、二维和三维图形的绘制，以及图形操作命令．MATLAB 的图形处理功能强大，且操作简单，可以在图像中直接通过鼠标和键盘操作完成，同时也可以通过设计程序完成相应的功能．

趣味实验_红色
五角星

5.1 二维曲线绘图

5.1.1 基本绘图命令

MATLAB 绘图的常用函数主要有以下几种.

1. plot( ) 函数

• plot(y)：绘制一条或多条折线，其中 y 是数值向量或数值矩阵. 对于只含一个输入参数的 plot 函数，如果输入参数 y 为实数向量，则以该参数为纵坐标，横坐标从 1 开始至与向量的长度相等；如果输入参数 y 是实数矩阵时，则按列绘制每列元素的曲线，每条曲线的纵坐标为该列上的元素值，横坐标从 1 开始，与元素的行标对应，曲线条数等于输入参数矩阵的列数，多条曲线默认状态下通过颜色区别.

【例 5-1】 利用 plot(y)命令画图.

```
>> y = [9 3 5 8;4 6 7 9;8 5 7 4];
>> plot(y)
```

运行结果如图 5-1 所示.

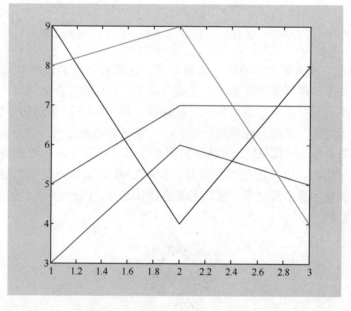

图 5-1　plot(y)命令绘制多条折线

• plot(x,y)：绘制一条或多条折线，其中 x 和 y 是数值向量或数值矩阵. 对于含有两个输入参数的 plot 函数，如果 x 与 y 均为实数向量，MATLAB 会以 x 为横坐标，y 为纵坐标绘制折线，此时 x 与 y 必须同维；如果 x 与 y 都是 m 行 n 列的实数矩阵，plot(x,y)将在同一图形窗口中绘制 n 条不同颜色的折线. 其绘图规则为：以矩阵 x 的第 i 列分量作为横坐标，矩阵 y 的第 i 列分量作为纵坐标，绘制出第 i 条折线；如果 x 是实数向量，y 是实数矩阵，并

绘制二维曲线

且向量的维数等于矩阵的行数（或列数），plot(x,y)将以向量 x 为横坐标，分别以矩阵 y 的每一列（或每一行）为纵坐标，在同一坐标系中画出多条不同颜色的折线图；如果 x 是实数矩阵，y 是实数向量，情况与上面类似，y 向量是这些曲线的纵坐标.

    注意：plot(x,y)命令可以用来画连续函数 $f(x)$ 的图形，其中定义域是$[a,b]$. 绘图时用命令 $x = a{:}h{:}b$ 获得函数 $f(x)$ 在绘图区间$[a,b]$上的自变量点向量数据，对应的函数值向量为 $y = f(x)$. 步长 h 可以任意选取，一般步长越小，曲线越光滑，但是步长太小会增加计算量，运算速度要降低，所以一定选取一个合适的步长.

    【例 5-2】 在区间 $[0,2\pi]$ 上，绘制函数 $y = \sin(x^2)$ 的图形.

```
>> x = 0:pi/50:2 * pi;
>> y = sin(x.^2);
>> plot(x,y)
```

运行结果如图 5-2 所示.

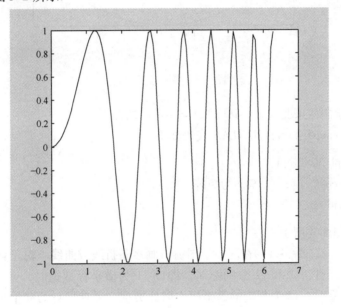

图 5-2 $y = \sin(x^2)$ 的图形

    【例 5-3】 绘制椭圆$\dfrac{x^2}{16} + \dfrac{y^2}{9} = 1$ 的图形.

    分析：对于这种情形，可以利用椭圆的参数方程进行绘图，即 $\begin{cases} x = 4\cos t \\ y = 3\sin t \end{cases}$ $(0 \leqslant t \leqslant 2\pi)$.

    建立 M 文件 chap5_3.m，MATLAB 代码如下：

```
t = 0:0.1:2 * pi;
x = 4 * cos(t);
y = 3 * sin(t);
plot(x,y)
```

运行结果如图 5-3 所示.

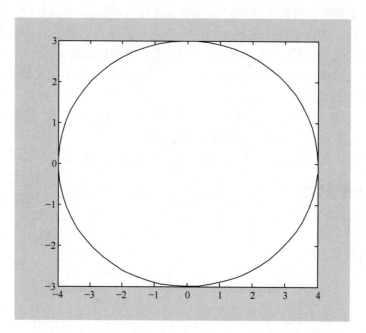

图 5-3　椭圆绘图结果

【例 5-4】　绘制两条曲线 $y = \sin(x)$，$y = \cos(x)$ 的图形.

建立 M 文件 chap5_4. m，MATLAB 代码如下：

```
x = -2 * pi:pi/50:2 * pi;
y = [sin(x);cos(x)];        % y 为矩阵
plot(x,y),grid on
```

运行结果如图 5-4 所示.

● plot(x1,y1,x2,y2,…)：在同一绘图窗口画多条折线或曲线. 对于含有多个输入参数的 plot 函数，x1 和 y1、x2 和 y2 分别配对，即以 x1 为横坐标数据时，y1 为相应的纵坐标，以 x2 为横坐标数据时，y2 为相应的纵坐标，以此类推，要求配对的向量长度相等，但是组间向量可以不相等，最终可以在同一图形窗口内绘制出多条曲线.

【例 5-5】　绘制三个函数 $y = \sin(x + 3)$，$y = e^{\sin(x)}$，$y = \sqrt{x}$ 的图形，自变量范围为 $0 \leqslant x \leqslant 6$.

建立 M 文件 chap5_5. m，MATLAB 代码如下：

```
x = 0:1:6;
y1 = sin(x + 3); y2 = exp(sin(x)); y3 = sqrt(x);
plot(x,y1,x,y2,x,y3),grid on
```

运行结果如图 5-5 所示.

● plot(y,LineSpec)：绘制一条曲线，并对图形的线型、数据点的样式、颜色进行控制，LineSpec 为控制线型、点型、颜色的字符串.

● plot(x1,y1,LineSpec)：绘制一条曲线，并对图形的线型、数据点的样式、颜色进行

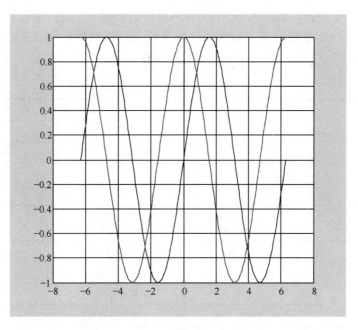

图 5-4　$y = \sin(x)$，$y = \cos(x)$ 的图形

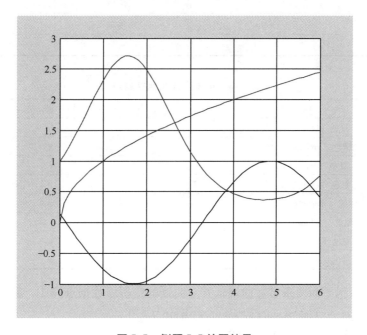

图 5-5　例题 5-5 绘图结果

控制.

● plot(x1,y1,LineSpec1,x2,y2,LineSpec2,…)：绘制多条曲线，并对图形的线型、数据点的样式、颜色进行控制.

MATLAB 中线型、点样式、颜色的控制符分别如表 5-1、表 5-2 和表 5-3 所示. 3 种控制符为字符串对图形样式控制，线型、点样式、颜色的控制符的位置对结果没有影响，可以缺省任何一个或多个参数. 例如，"r-."表示红色点画线，"y--p"表示黄色虚线并用五角星标记数据点. 如果使用 plot 函数的数据参数为矩阵数据绘制多条曲线时，设置了图形样式，各曲线的样式将统一，一般不建议这样操作.

表 5-1　plot 函数线型控制符

线 条 样 式	控 制 符
实线	-
点线	:
点画线	-.
虚线	--

表 5-2　plot 函数数据点样式控制符

数据点样式	控 制 符	数据点样式	控 制 符
点	.	三角形（向上）	^
圆圈	○	三角形（向下）	v
叉号	x	三角形（向左）	<
加号	+	三角形（向右）	>
星号	*	五角星	p
方块	s	六角星	h
钻石	d		

表 5-3　plot 函数颜色控制符

颜　色	控 制 符
蓝色（blue）	b
绿色（green）	g
红色（red）	r
青色（cyan）	c
洋红（magenta）	m
黄色（yellow）	y
黑色（black）	k
白色（white）	w

【例 5-6】　绘制下面两条参数曲线，并对曲线的线型、数据点样式、颜色进行设置，参数曲线方程为：$x_1=\cos t, y_1=\sin t; x_2=\sin t, y_2=\sin 2t$.

建立 M 文件 chap5_6.m，MATLAB 代码如下：

```
t = 0:pi/50:2 * pi;
x1 = cos(t); y1 = sin(t);
x2 = sin(t); y2 = sin(2 * t);
plot(x1,y1,'b * -',x2,y2,'--rs')
```

运行结果如图 5-6 所示.

● plot(x1 , y1 , 'PropertyName' , PropertyValue)：对绘制的图形属性进一步设置. 其中，PropertyName 为曲线的属性名称，PropertyValue 为属性的值，属性和属性值需要成对出现，且不同属性之间没有前后顺序关系. 表 5-4 列出了 plot 函数常用属性及其说明.

表 5-4   plot 函数常用属性

属 性 名 称	描 述
LineWidth	设置线条宽度
MarkerSize	设置标记点大小
MarkerEdgeColor	设置标记点边沿颜色
MarkerFaceColor	设置标记点填充颜色

【例 5-7】 利用 plot 函数绘制曲线，并设置线条属性.

建立 M 文件 chap5_7. m，MATLAB 代码如下：

```
x = -pi:pi/10:pi;
y = tan(sin(x)) - cos(tan(x));
plot(x,y,'--rp','LineWidth',3,'MarkerEdgeColor','k',...
    'MarkerFaceColor','m','MarkerSize',12)
```

运行结果如图 5-7 所示.

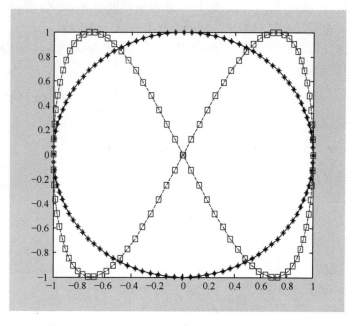

图 5-6 $x_1 = \cos t, y_1 = \sin t; x_2 = \sin t, y_2 = \sin 2t$ 的图形

2. line( ) 函数

在 MATLAB 中，可用命令 line 在图形窗口的任意位置绘制直线或折线. 其调用格式如下：

● line(X,Y)：其中 X、Y 都是一维数组. line(X,Y)能够把$(X(i)，Y(i))$代表的各点

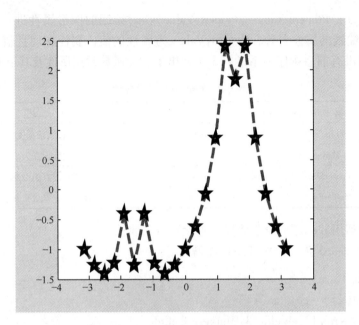

图 5-7　例题 5-7 绘图结果

用线段顺次连接起来，从而绘制出一条折线.

● line(X,Y,Z)：其中 X、Y、Z 都是一维数组. line(X,Y,Z) 能够把 $(X(i),Y(i),Z(i))$ 代表的各点用线段顺次连接起来，从而绘制出一条三维折线.

● line(X,Y,Z,'PropertyName',PropertyValue,…)：PropertyName 与 PropertyValue 为曲线的属性名及其对应的属性值.

【例 5-8】　利用函数 line 为 $y_1 = \sin x, y_2 = \sin\left(x - \dfrac{\pi}{2}\right), x \in [0, 2\pi]$ 的图形添加两条水平线.

建立 M 文件 chap5_8.m，MATLAB 代码如下：

```
x = 0:pi/20:2 * pi;
y1 = sin(x);y2 = sin(x - pi/2);
plot(x,y1,'r:',x,y2,'bp');
line([0,2 * pi],[0.5,0.5]);
line([0,2 * pi],[ -0.5, -0.5]);
```

运行结果如图 5-8 所示.

3. 对数图形函数

在很多工程问题中，通过对数据进行对数转换可以更清晰地看出数据的某些特征，在对数坐标系中描绘数据点的曲线，可以直接地表现对数转换. 对数转换有双轴对数坐标转换和单轴对数坐标转换两种. 用 loglog 函数可以实现双轴对数坐标转换，用 semilogx 和 semilogy 函数可以实现单轴对数坐标转换.

1）semilogx 命令：用该函数绘制图形时，x 轴采用对数坐标. 若没有指定使用的颜色，当所画线条较多时，semilogx 命令将自动使用由当前轴的 ColorOrder 和 LineStyleOrder 属性指

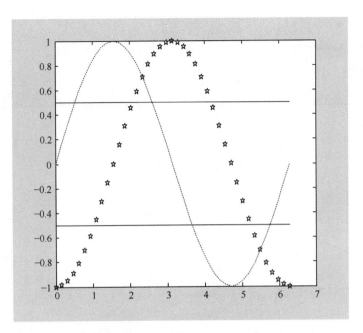

图 5-8 添加水平线的二维曲线图

定的颜色顺序和线型顺序来画线,调用方法如下.

● semilogx(Y):该函数对 x 轴采用以 10 为底的对数刻度,而 y 轴采用线性刻度. 若 Y 为实数向量或矩阵,则结合 Y 列向量的下标与 Y 的列向量画出线条. 若 Y 为复数向量或矩阵,则 semilogx(Y)等价于 semilogx(real(Y), imag(Y)). 在 semilogx 的其他使用形式中,Y 的虚数部分将被忽略.

● semilogx(X1, Y1, X2, Y2, …):该函数结合 Xn 和 Yn 画出线条,如果 Xn 是向量,Yn 是矩阵,并且向量的维数等于矩阵的行数(或列数),则该函数将以向量 Xn 为横坐标,分别以矩阵 Y 的每一列(或每一行)为纵坐标,在同一坐标系中画出多条不同颜色的线条.

● semilozx(X1, Y1, LineSpec1, X2, Y2, LineSpec2, …):该函数按顺序取三个参数 Xn, Yn, LineSpecn 画图,参数 LineSpecn 指定使用的线型、标记符号和颜色.

2)semilogy 命令:用该函数绘制图形时,y 轴采用对数坐标,调用命令格式与 semilogx 命令相同.

3)loglog 命令:用该函数绘制图形时,x 轴和 y 轴均采用对数坐标,调用命令格式与 semilogx 命令相同.

【例 5-9】 绘制指数函数 $y = e^x$ 双轴对数图形.

```
>> x = 1:10; y = exp(x);
>> loglog(x,y)
```

运行结果如图 5-9 所示.

【例 5-10】 绘制函数 $y = e^x$ 单轴对数图形,其中纵轴采用对数坐标,横轴采用线性坐标.

$$>> x = 1:10; \; y = \exp(x);$$
$$>> \text{semilogy}(x,y)$$

运行结果如图 5-10 所示.

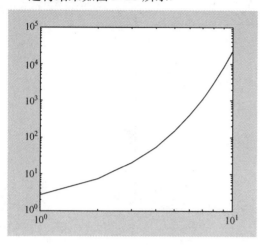

图 5-9 $y = e^x$ 双轴对数图形 　　　　　图 5-10 $y = e^x$ 单轴对数图形

4. 双 y 轴曲线 plotyy( ) 函数

在 MATLAB 中, 如果需要绘制出具有不同纵坐标标度的两个图形, 可以使用 plotyy 函数. 这种图形能把函数值具有不同量纲和数量级的两个函数绘制在同一坐标系中, 有利于图形数据的对比分析. plotyy 函数的调用格式如下.

• plotyy(X1,Y1,X2,Y2): 该函数用左侧的 Y 轴标度来绘制 X1, Y1 对应的图形, 右侧的 Y 轴标度来绘制 X2, Y2 对应的图形.

• plotyy(X1,Y1,X2,Y2,FUN): 该函数用参数 FUN 指定绘图所用到的函数, 然后根据该绘制函数和提供的数据绘制每个图形. 其中, 参数 FUN 可以是 plot、semilogx、semilogy、loglog、stem 或 MATLAB 定义的任意函数. 用户必须使用@ 或单引号去指定每种绘制的方式, 如@ plot、@ semilogx 或 'plot'、' semilogx' 等.

• plotyy(X1,Y1,X2,Y2,FUN1,FUN2): 对于图形左侧的坐标, 根据参数 FUN1 定义的绘制函数来绘制 X1 及 Y1 的数据图形, 对于图形右侧的坐标, 根据参数 FUN2 定义的绘制函数来绘制 X2 及 Y2 的数据图形.

• [AX,H1,H2] = plotyy(…): 该函数将创建的坐标轴句柄保存到返回参数 AX 中, 将绘制的图形对象句柄保存在返回参数 H1 和 H2 中. 其中, AX (1) 中保存的是左侧轴的句柄值, AX (2) 中保存的是右侧轴的句柄值.

【例 5-11】 用不同标度在同一坐标系内绘制曲线 $y_1 = 200e^{-0.05x} \sin x$ 及 $y_2 = 0.8e^{-0.5x}\sin 10x$.

建立 M 文件 chap5_11. m, MATLAB 代码如下:

```
x = 0:0.01:20;
y1 = 200 * exp( -0.05 * x). * sin(x);
y2 = 0.8 * exp( -0.5 * x). * sin(10 * x);
```

$$[ax,h1,h2] = plotyy(x,y1,x,y2);$$ 　　　　%绘制多轴标度图形
$$set(get(ax(1),'ylabel'),'string','慢衰减')$$ 　　%标注左侧纵坐标轴
$$set(get(ax(2),'ylabel'),'string','快衰减')$$ 　　%标注右侧纵坐标轴

运行结果如图 5-11 所示.

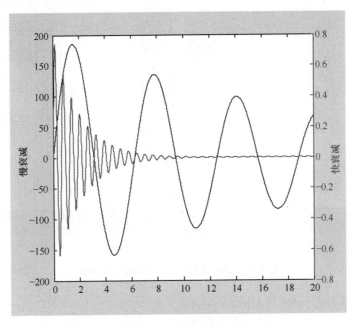

图 5-11　多轴标注图形

5. fplot( ) 函数

前面介绍的 plot 函数将数值矩阵转化为连线图形进行绘图,在实际应用中,如果不太了解某个函数的变化趋势,在使用 plot 命令绘制该图形时,就有可能因为自变量的范围选取不当而使函数图像失真,这时我们可以根据微分的思想,将图形的自变量间隔取得足够小来减小误差,但是这样做会增加 MATLAB 处理数据的负担,降低效率.

MATLAB 提供 fplot 函数来解决该问题. fplot 函数的特点是:它的绘图数据点是自适应产生的. 在函数平坦处,它所取数据点比较稀疏;在函数变化剧烈处,它将自动取较密的数据点,这样就可以十分方便地保证绘图的质量和效率. fplot 函数调用格式如下.

• fplot(fun,limits):在指定的坐标值范围 limits 内绘制函数 fun 的图形. 其中 fun 是函数名,可以是 MATLAB 已有的函数,也可以是自定义的 M 函数,还可以是字符串定义的函数. limits 表示绘制图形的坐标轴取值范围,可以是指定 x 轴范围的向量 [xmin, xmax],也可以是同时指定 x 轴和 y 轴范围的向量 [xmin, xmax, ymin, ymax].

• fplot(fun, limits, LineSpec):在指定的坐标值范围 limits 内绘制函数 fun 的图形. LineSpec 参数设置图形的线型、数据点样式、颜色.

• fplot(fun, limits, tol):在指定的坐标值范围 limits 内绘制函数 fun 的图形. tol 为绘制图形时允许的相对误差,默认值为 $2e-3$.

【例 5-12】　分别利用 plot 函数和 fplot 函数绘制曲线 $y = \sin(1/x)$ 在区间 $[-1,1]$ 的图像.

利用 plot 函数绘图，MATLAB 命令为：

> > $x = -1:0.1:1$；$y = \sin(1./x)$；
> > $\text{plot}(x,y)$

运行结果如图 5-12a 所示.

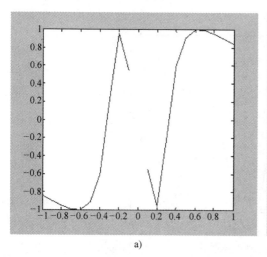
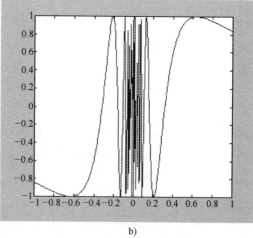

图 5-12　**plot** 函数和 **fplot** 函数对比绘图

利用 fplot 函数绘图，MATLAB 命令为：

> > $\text{fplot}('\sin(1/x)',[-1,1])$

运行结果如图 5-12b 所示.

6. ezplot( ) 函数

ezplot 函数是 MATLAB 为用户提供的简易二维图形函数. 其函数名称的前两个字符
"ez" 就是 "easy" 的谐音，表示对应的函数是简易函数. 这个函数的特点是：不需要用户
对图形准备任何的数据，就可以直接画出字符串函数或者符号函数的图形. 用 ezplot 函数绘
制图形时，默认情况下，会将函数表达式设置成图形标题，自变量设置成横坐标名称，用户
可以根据需要使用 title、xlabel 命令来进行相应设置，ezplot 函数调用格式如下.

- ezplot(fun)：绘函数 fun 的图形，fun 只能是一元函数. 默认 x 轴的范围是 $[-2\pi, 2\pi]$.
- ezplot(fun,[xmin,xmax])：设置绘图时 x 轴的范围.
- ezplot(fun,[xmin,xmax,ymin,ymax])：同时设置绘图时 x 轴和 y 轴的范围.

【例 5-13】　绘制 $y = e^{-x}\cos x$ 在区间 $[0,4\pi]$ 上的图形.

> > $\text{ezplot}('\exp(-x)*\cos(x)',[0,4*\text{pi}])$；　% 无须数据,简单一行代码完成绘图

运行结果如图 5-13 所示.

5.1.2　基本绘图控制命令

1. 图形栅格的控制 grid 命令

grid 命令用于在二维或三维图形上控制坐标轴的栅格显示. 其具体的调用格式如下.

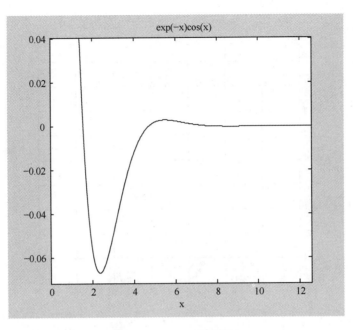

图 5-13　ezplot 函数绘图

- grid on：给当前的坐标轴添加栅格.
- grid off：取消当前的坐标轴中的栅格.
- grid：在 grid on 与 grid off 之间进行切换.

2. 图形的保持控制 hold 命令

使用 plot 函数进行多次绘图时，如果不用命令控制，每次运行后，在图形窗口中都只能看到当前的图形，而覆盖上一次的运行结果. 要在一个图形窗口中多次重复绘制图形，可使用 hold 命令来实现，其调用格式如下.

- hold on：打开图形保持功能. 再次绘图时将保留当前图形和它的轴，使此后图形叠放在当前图形上.
- hold off：关闭图形保持功能. 再次绘图时将抹掉当前图形窗口中的旧图形，然后画上新图形. 此状态为 MATLAB 的默认状态.
- hold：在 hold on 与 hold off 之间进行切换.

【例 5-14】 使用 hold on 命令，实现多曲线绘图.

```
>> x = 0:0. 1:2 * pi;
>> plot( x,sin( x) );
>> hold off                     % MATLAB 的默认状态，关闭图形保持功能
>> plot( x,cos( x) ,'r * ');     % 将抹掉旧图形，然后绘新图
>> hold on                      % 打开图形保持功能
>> plot( x,cos( 2 * x) ,'bp');   % 新图形将叠加在旧图形上
>> grid on                      % 添加栅格
```

运行结果如图 5-14 所示.

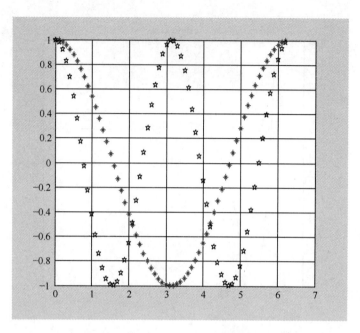

图 5-14　使用 hold on 命令实现多曲线绘图

3. 图形缩放控制 zoom 命令

MATLAB 中提供了 zoom 命令对二维图形进行缩放控制. 放大或缩小会改变坐标轴范围, 其调用格式如下.

- zoom on：使图形处于可放大状态.
- zoom off：使图形回到非放大状态, 但前面放大的结果不会改变.
- zoom：在 zoom on 与 zoom off 之间进行切换.
- zoom out：使系统回到非放大状态, 并将图形恢复原状.
- zoom xon：对 x 轴有放大作用.
- zoom yon：对 y 轴有放大作用.
- zoom reset：系统将记住当前图形的放大状态, 作为放大状态的设置值. 以后使用 zoom out 命令将放大状态打开时, 图形并不是返回到原状, 而是返回 reset 时的放大状态.
- zoom(factor)：用放大系数 factor 对图形进行放大或缩小, 若 factor > 1, 系统将图形放大 factor 倍；若 0 < factor < 1, 系统将图形放大 1/factor 倍.

4. 坐标框控制 box 命令

MATLAB 中提供了 box 命令, 用来控制当前坐标框的封闭状态, 其调用格式如下.

- box on：使当前坐标框呈封闭形式.
- box off：使当前坐标框呈开启形式.
- box：在 box on 与 box off 之间进行切换.

5. 坐标轴控制 axis 命令

plot 函数根据所给的坐标点自动确定坐标轴的范围, 可用坐标控制命令 axis 控制坐标轴的特性, 调用格式如下.

- axis auto：将坐标轴的取值范围设为默认值.

- axis([xmin,xmax,ymin,ymax])：设定二维图形坐标轴的范围.
- axis([xmin,xmax,ymin,ymax,zmin,zmax])：设定三维图形坐标轴的范围.
- axis on：显示坐标轴.
- axis off：使坐标轴消隐.
- axis：在 axis on 与 axis off 之间进行切换.
- axis equal：使坐标轴在三个方向上刻度增量相同.
- axis square：使坐标轴在三个方向上长度相同.
- axis ij：坐标原点设置在图形窗口的左上角，坐标轴 i 垂直向下，轴 j 水平向右.
- axis xy：设定为笛卡儿坐标系，坐标原点在左下角.
- axis tight：将数据范围设置为刻度.
- axis normal：默认的矩阵坐标系.
- axis image：等长刻度，坐标框紧贴数据范围.
- axis fill：使坐标充满整个绘图区.

【例 5-15】　使用 axis 命令，对坐标轴进行控制.

```
>> x = 0:0. 1:2 * pi;
>> plot(x,sin(x),x,cos(x),'sr');
>> axis([0,8,-1,4])              %设置 x 轴与 y 轴范围
```

运行结果如图 5-15 所示.

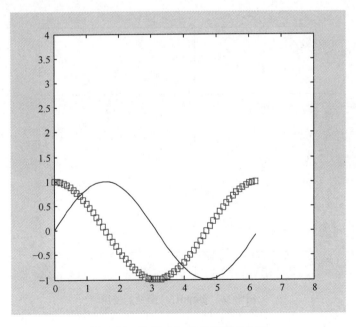

图 5-15　使用 **axis** 命令控制坐标轴

6. 取点函数 ginput( )函数

函数 ginput( )用于交互式从 MATLAB 绘制的图形中读取点的坐标，其调用格式如下.

- [x,y] = ginput(n)：用于交互式的通过鼠标读取图形中的点，返回点的横、纵坐标

值，其中 x 为点的横坐标值，y 为点的纵坐标值，输入参数 n 为选择的点的个数，可以按【Enter】键提前结束读点操作.

- [x,y] = ginput：可以无限地读取图形中点的坐标直到按下【Enter】键.
- [x,y,button] = ginput：返回值 button 为读点时的鼠标操作，其中"1"代表单击读点，"2"代表按下鼠标中键读点，"3"代表右击读点，通过不同鼠标按键的区别，可以对读取点进行分类.

【例 5-16】 使用 ginput 命令，从图形中读取点的坐标.

```
>> ezplot('x * sin(x)');
>> [x,y] = ginput(3);              %读取图形中 3 个坐标点
>> [x,y,button] = ginput;         %取点并返回取点的鼠标操作
```

执行上述代码，取点操作如图 5-16 所示交互式地进行.

7. 图形窗口控制 figure 命令

figure 是 MATLAB 图形输出的专用窗口. 当 MATLAB 没有打开图形窗口时，如果执行了一条绘图指令，该指令将自动创建一个图形窗口. 而使用 figure 命令可以自己创建图形窗口，其调用格式如下.

- figure：创建一个新的图形窗口，窗口各对象的属性值取默认状态.
- figure(n)：创建第 n 个图形窗口.
- clf：即 clear current figure，清除当前图形窗口.

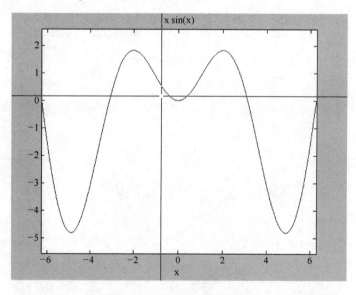

图 5-16 ginput( ) 函数的使用

5.1.3 图形的标注

MATLAB 可以在画出的图形上加各种标注及文字说明，以丰富图形的表现力. 图形标注主要有图名标注、坐标轴标注、文本标注和图例标注等.

1. 图名标注

MATLAB 使用 title 函数标注图名，命令格式如下.

- title('String')：在图形的顶端添加文字作为图名.
- title('String','PropertyName',PropertyValue,…)：添加图名，并设置图名所用字体、大小、标注角度等属性.

2. 坐标轴标注

MATLAB 坐标轴标注使用函数 xlabel、ylabel、zlabel，调用格式如下.

- xlabel('String')：添加 x 轴标注.
- ylabel('String')：添加 y 轴标注.
- zlabel('String')：添加 z 轴标注.
- xlabel('String','PropertyName',PropertyValue,…)
- ylabel('String','PropertyName',PropertyValue,…)
- zlabel('String','PropertyName',PropertyValue,…)：加 z 轴标注，并设置标注所用字体、大小、标注角度等属性.

3. 文本标注

MATLAB 提供对所绘图形的文字标注功能：text 函数，在图形中指定的点上加注文字标注；gtext 函数，先利用鼠标定位，再在此位置加注文字标注，gtext 函数不支持三维图形. 调用格式如下：

- text(x,y,'String')：适用于二维图形，在点（x,y）上加注文字 String.
- text(x,y,z,'String')：适用于三维图形，在点（x,y,z）上加注文字 String.
- text(x,y,z,'String','PropertyName',PropertyValue,…)：添加文本 String，并设置文本属性.
- gtext('String')：在鼠标指定位置上标注. 使用 gtext 指令后，会在当前图形上出现一个十字叉，等待用户选定位置进行标注，移动鼠标到所需位置后单击，MATLAB 就在选定位置标上文字 String.

【例 5-17】　绘制如下分段函数曲线并添加图形标注：

$$y = \begin{cases} \sqrt{4x}, & 0 \leqslant x < 4, \\ 3, & 4 \leqslant x < 7, \\ 9-x, & 7 \leqslant x < 9, \\ 2, & x \geqslant 9. \end{cases}$$

建立 M 文件 chap5_17. m，MATLAB 代码如下：

```
clear all;
y = [ ];
x0 = 0:0.1:10;
for x = x0
    if x < 4                          % 分段计算 y 值
        y = [y,sqrt(4 * x)];
    elseif x < 7
```

```
                y = [y,3];
        elseif x < 9
                y = [y,9 - x];
        else
                y = [y,2];
        end
end
plot(x0,y,'r * -')
axis([0,10,0,4]);            % 设置坐标轴范围
title('分段函数的曲线效果');      % 添加标题
xlabel('x 轴'); ylabel('y 轴');   % 添加坐标轴标注
text(2,2.5,'y = sqrt(4 * x)');    % 添加文字标注
text(5.2,3.2,'y = 3');
text(7.2,1,'y = 9 - x');
text(9.2,2.2,'y = 2');
```

运行结果如图 5-17 所示.

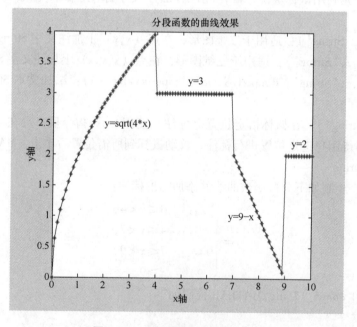

图 5-17　分段函数添加文字标注

4. 图例标注

当在一个图形窗口中出现多条曲线时，结合在绘制时的不同线性与颜色等特点，用户可以使用图例加以说明，MATLAB 提供了 legend 函数进行图例标注，其调用格式如下.

- legend('String1','String2','String3',…)：为图形中各曲线添加图例，字符串 String1，String2，…按照作图顺序依次标注各曲线.

● legend（'String1'，'String2'，'String3'，position）：在指定位置建立图例．参数 position 是图例在图上位置的指定符，其取值为 0（自动最佳位置）、1（默认，右上角）、2（左上角）、3（左下角）、4（右下角）、-1（图右侧）．

【例 5-18】　在同一坐标系中画出 $y_1 = \sin 2x$，$y_2 = \sin x \sin 6x$ 两个函数的图形，并添加文字标注及图例．

建立 M 文件 chap5_18. m，MATLAB 代码如下：

```
x = 0:pi/50:pi;
y1 = sin(2 * x);
y2 = sin(x). * sin(6 * x);
plot(x,y1,'r * ',x,y2,'b - ');
title('曲线 sin(2x)与 sin(x)sin(6x)')
xlabel('x 轴'),ylabel('y 轴')
x = [0.4,2.6];
y = [0.6,0.4];
str = ['y1 = sin(2x)    ';'y2 = sin(x)sin(6x)'];%字符串 y1 = sin(2x)后加 6 个空格
text(x,y,str);                    %一次添加多个文字标注
gtext('极小值点');                 % 在鼠标指定位置上添加文字标注
legend('y1 = sin(2x)','y2 = sin(x)sin(6x)')   % 添加图例
```

运行结果如图 5-18 所示．

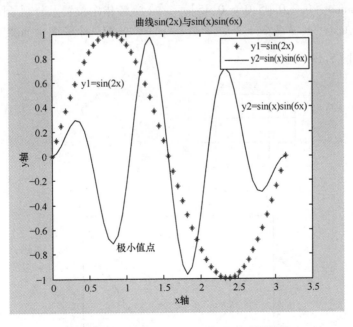

图 5-18　$y_1 = \sin 2x$，$y_2 = \sin x \sin 6x$ 的图形

5.1.4　多子图绘图

MATLAB 允许用户在同一图形窗口中同时显示多幅独立的子图, 即进行图形窗口的分割, 也称为多子图绘图. 图形窗口的分割可使用函数 subplot 来完成, 其调用格式如下.

● subplot(m,n,k)或 subplot(mnk): 把图形窗口分为 m × n 个子图, 并在第 k 个子图中绘图, k 不能大于 m 与 n 的乘积.

● subplot('position',[left bottom width height]): 在指定位置上分割子图, 其中 left、bottom、width、height 在 0 ~ 1 之间取值.

函数 subplot 产生的子图彼此之间独立, 所有的绘图命令可以在子图中使用. 使用函数 subplot 后, 如果再想在图形窗口中绘制单幅图, 则应先使用 clf 命令, 以清除图形窗口.

【例 5-19】　利用 subplot 函数对图形窗口进行分割.

建立 M 文件 chap5_19.m, MATLAB 代码如下:

```
clf;
x = -2:0.2:2;
y1 = x + sin(x);y2 = sin(x)./x;y3 = (x.^2);
subplot(2,2,1)
plot(x,y1,'m.'),grid on, title('y = x + sinx')        %第一个子图有网格
subplot(2,2,2)
plot(x,y2,'rp'),axis off,title('y = sinx/x')          %第二个子图关闭坐标轴
subplot('position',[0.2,0.05,0.6,0.45])               %指定位置上分割子图
plot(x,y3),text(-1.3,2.3,'x^2')                       %第三个子图中加文字
```

运行结果如图 5-19 所示.

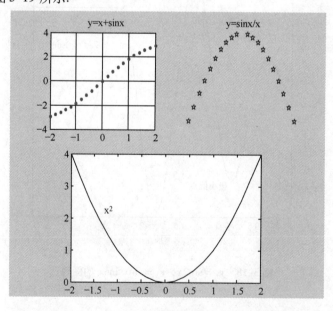

图 5-19　使用 subplot 函数对图形窗口进行分割

5.2　二维特殊图形

在上一节中介绍的二维图形主要是常规的曲线图，而在实际应用中为了更好地反映数据的变化规律，往往需要绘制一些特殊的二维图形．MATLAB 为用户提供了许多特殊二维绘图函数，包括条形图、误差图、面积图、饼形图、直方图、散点图、阶梯图、极坐标图、等高线图等．

5.2.1　条形图

MATLAB 中使用 bar 函数和 barh 函数来绘制二维条形图，分别是绘制二维垂直条形图和二维水平条形图．这两个函数的用法相同，其调用格式如下．

● bar(Y)：若 Y 为向量，则分别显示每个分量的高度，横坐标为 1 到 length(Y)；若 Y 为矩阵，则把 Y 分解成行向量，再分别画出每行中每个分量的高度，横坐标取 1 到 size(Y,1)，即矩阵的行数．

● bar(X,Y)：在指定的横坐标 X 上画出 Y．

● bar(X,Y,width)：参数 width 用来设置条形的相对宽度和控制在一组内条形的间距．默认值为 0.8，所以如果用户没有指定 width，则同一组内的条形有很小的间距；若设置 width 为 1，则同一组内的条形相互接触．

● bar(x,Y,'style')：指定条形的排列类型．类型有"group"和"stack"，其中"group"为默认的显示模式．

1）group：若 Y 为 n×m 的矩阵，则 bar 显示 n 组，每组有 m 个垂直的条形图．

2）stack：对矩阵 Y 的每一个行向量显示在一个条形中，条形的高度为该行向量中的分量和．其中同一条形中的每个分量用不同的颜色显示出来，从而可以显示每个分量在向量中的分布．

【例 5-20】　利用 bar 函数与 barh 函数绘图．

建立 M 文件 chap5_20.m，MATLAB 代码如下：

```
y = rand(6,4) * 8;
subplot(2,2,1),bar(y,'group'),title('group')
subplot(2,2,2),bar(y,'stack'),title('stack')
subplot(2,2,3),barh(y,'stack'),title('stack')
subplot(2,2,4),bar(y,1.6),title('group')
```

运行结果如图 5-20 所示．

5.2.2　误差图

在 MATLAB 中提供了 errorbar 函数来绘制误差图．其调用格式如下．

● errorbar(x,y,e)：该函数根据 x 绘制 y 的误差图，误差条的长度为 2*e(i)，x、y 和 e 必须大小相同．

【例 5-21】　利用 errorbar 函数绘制误差图．

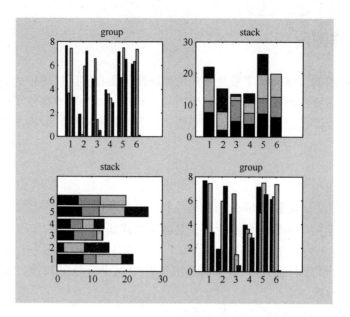

图 5-20　二维条形图

```
>> x = 1:pi/5:2 * pi;
>> y = sin(x);
>> e = std(y) * ones(size(x));
>> errorbar(x,y,e)
```

运行结果如图 5-21 所示.

5.2.3　面积图

在 MATLAB 中提供了 area 函数, 用于绘制面积图. 面积图就是将向量或矩阵中的每列元素分别绘制曲线, 并填充曲线和 x 轴之间的空间, 其调用格式如下.

- area(Y): 绘制向量 Y 或矩阵 Y 各列元素总和的面积图.
- area(X,Y): 若 X 和 Y 是向量, 则以 X 中的元素为横坐标, Y 中元素为纵坐标, 并且填充线条和 x 轴之间的空间; 如果 Y 是矩阵, 则绘制 Y 各列元素总和的面积图.

【例 5-22】　利用 area 函数绘制面积图.

```
>> x = 1:4; y = [1 2 4;4 6 1;3 3 7;1 0 6];
>> area(x,y)
```

运行结果如图 5-22 所示.

5.2.4　饼形图

饼形图可以显示向量或矩阵中元素在总体的百分比, 因此在统计学中, 经常要用饼形图来表示各个统计量占总量的份额. MATLAB 中使用 pie 函数来绘制二维饼形图, 其调用格式如下.

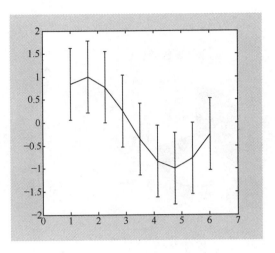

图 5-21　误差图　　　　　　　　　　　　　图 5-22　面积图

● pie(Y)：绘制 Y 的饼形图，如果 Y 是向量，则 Y 的每个元素占有一个扇形，其顺序为从饼形图上方正中开始，以逆时针为序，分别显示 Y 的每个元素；如果 Y 是矩阵，则按照各列的顺序排列. 在绘制时，如果 Y 的元素之和大于 1，则按照每个元素所占的百分比绘制，如果元素之和小于 1，则按照每个元素的值绘制，绘制出一个不完整的饼形图.

● pie(Y,explode)：参数 explode 设置相应的扇形偏离整体图形，用于突出显示. explode 是与 Y 相同大小的向量.

【例 5-23】　利用 pie 函数绘制饼形图.

建立 M 文件 chap5_23. m，MATLAB 代码如下：

```
clear all;
x1 = [1,3,4,1.5,0.5];
explode1 = [0,0,0,1,0];                 %第四个扇形突出显示
subplot(121),pie(x1,explode1),title('完整饼形图')
x2 = [0.2,0.15,0.25,0.1];               %x2 元素之和小于 1，将绘制一个不完整的饼
                                          形图
explode2 = [0,0,1,0];
subplot(122),pie(x2,explode2),title('不完整饼形图')
```

运行结果如图 5-23 所示.

5.2.5　直方图

直方图用来显示数据的分布情况. 在 MATLAB 中，绘制二维直方图使用 hist 函数来实现. 输入的参数是向量或矩阵. 如果是向量，则将向量中的元素按其数值的范围分组，然后绘制柱形图；如果是矩阵，则将矩阵的每一列作为一个向量进行处理. hist 函数调用格式如下：

● n = hist(Y)：将向量 Y 的最大值和最小值的差平均分为 10 等份，然后绘出其分布图.

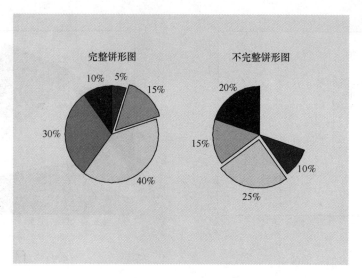

图 5-23　饼形图

- $n = hist(Y, n)$：将向量 Y 的最大值和最小值的差平均分成 n 等份，然后绘出其分布图.
- $[n, xout] = hist(\cdots)$：返回包含频率计数的向量 n 与长条的位置向量 xout，用户可以用 $bar(xout, n)$ 绘制条形图.

【例 5-24】　利用 hist 函数绘制直方图.

```
>> y = randn(1000,1);        % 生成正态分布的随机数
>> hist(y,10);               % 绘制直方图
```

运行结果如图 5-24 所示.

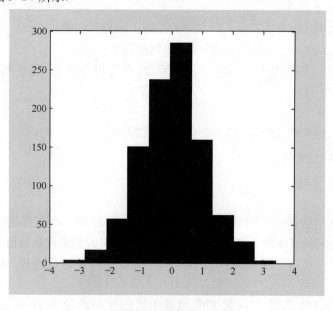

图 5-24　直方图

5.2.6　离散型数据图

MATLAB 使用 stem 函数和 stairs 函数绘制离散数据，分别生成火柴棍图形和二维阶梯图形. stem 函数调用格式如下.

- stem(Y)：画火柴棍图. 该图用线条显示数据点与 x 轴的距离，并在数据点处绘制一小圆圈.
- stem(X,Y)：按照指定的 x 绘制数据序列 y.
- stem(X,Y,'filled')：给数据点处的小圆圈着色.
- stem(X,Y,'linespec')：指定线型、标记符号和颜色.

【例 5-25】　绘制离散型数据图.

```
>> x = 0:0.1:2;
>> stem( exp( -x.^2) ,'filled','r-.')
```

运行结果如图 5-25 所示.

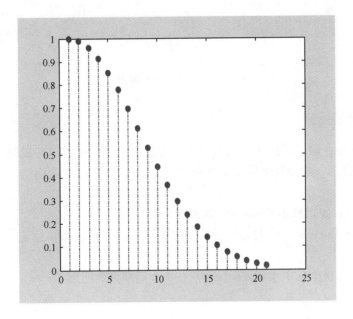

图 5-25　火柴棍图

stairs 函数用来绘制二维阶梯图形，其用法与 stem 相同，此处不再赘述.

【例 5-26】　绘制正弦波的阶梯图形.

```
>> x = 0:pi/10:4 * pi;
>> y = sin(x);
>> stairs(x,y)
```

运行结果如图 5-26 所示.

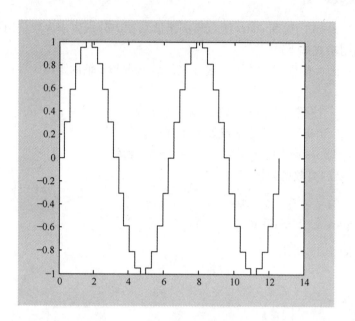

图 5-26　正弦波的阶梯图形

5.2.7　极坐标图

绘制爱心曲线

在 MATLAB 中，除了可以在熟悉的直角坐标系中绘图，还可以在极坐标系中绘制各种图形. 绘制极坐标图形使用函数 polar，其常用的调用格式如下.

- polar(t,r)：使用极角 t 和极径 r 绘制极坐标图形.
- polar(t,r,'linespec')：可以设置极坐标图形中的线条线型、标记类型和颜色等主要属性.

【例 5-27】　在极坐标中绘制 $\rho = |\sin 4t|$ 在一个周期内的图形.

```
>>t = 0:pi/50:2 * pi;
>>r = abs(sin(4 * t));
>>polar(t,r,'r')
```

运行结果如图 5-27 所示.

5.2.8　等高线图

等高线用于创建、显示并标注由一个或多个矩阵确定的等值线，绘制二维等高线常用 contour 函数，其调用格式如下.

- contour(Z)：绘制矩阵 Z 的等高线，绘制时将 Z 在 X – Y 平面上插值，等高线数量和数值由系统根据 Z 自动确定.

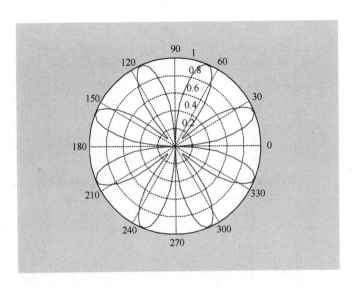

图 5-27　极坐标图形

- contour(Z,n)：绘制矩阵 Z 的等高线，等高线数目为 n.
- contour(Z,v)：绘制矩阵 Z 的等高线，等高线的值由向量 v 决定.
- contour(X,Y,Z)：绘制矩阵 Z 的等高线，坐标值由矩阵 X 和 Y 指定，矩阵 X、Y、Z 的维数必须相同.
- contour(⋯,LineSpec)：利用指定的线型绘制等高线.

【例 5-28】　绘制函数 peaks 的等高线.

建立 M 文件 chap5_28.m，MATLAB 代码如下：

```
clear all;
[x,y,z] = peaks(80);                    % 利用 peaks 函数生成数据
subplot(2,2,1);
contour(z);                             % 根据高度数据绘制等高线
xlabel('(a)根据高度绘制等高线图');
subplot(2,2,2);
contour(x,y,z);                         % 根据刻度数据和高度数据绘制等高线图
xlabel('(b)根据刻度与高度绘制等高线图');
subplot(2,2,3);
contour(x,y,z,4);                       % 指定等高线的数目
xlabel('(c)指定等高线的数目');
subplot(2,2,4);
v = linspace(min(z(:)),max(z(:)),12);   % 取向量 v
contour(x,y,z,v);                       % 等高线的值由向量 v 决定
xlabel('(d)等间隔指定高度位置');
```

运行结果如图 5-28 所示.

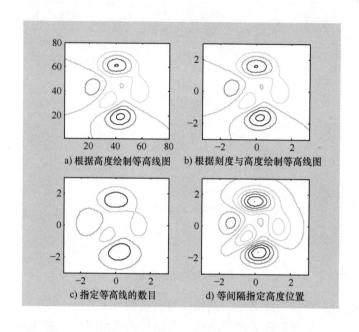

图 5-28   等高线图

5.3   三维曲线绘图

在 MATLAB 中提供了 plot3 和 ezplot3 等函数,用于绘制三维曲线图.

5.3.1   plot3 函数

三维曲线绘图

与二维情形下的 plot 函数相对应,在三维环境下 MATLAB 提供了 plot3 函数,该函数将 plot 函数的特性扩展到了三维空间,两者的区别在于 plot3 增加了第三维数据,其调用格式如下.

- plot3(X,Y,Z):以默认线型属性绘制三维点集(X(i),Y(i),Z(i))确定的曲线. X、Y、Z 为相同大小的向量或矩阵.
- plot3(X,Y,Z,LineSpec):绘制三维曲线,并设置曲线的线型、数据点样式、颜色.
- plot3(X1,Y1,Z1,LineSpec1,X2,Y2,Z2,LineSpec2,⋯):绘制多条三维曲线.
- plot3(X,Y,Z,'PropertyName',PropertyValue,⋯):绘制三维曲线,并根据指定的属性值设定曲线的属性.

【例 5-29】   绘制三维曲线的图像:
$$\begin{cases} x = t\sin t, \\ y = t\cos t \ (0 \le t \le 20\pi), \\ z = t. \end{cases}$$

```
>> t = 0:pi/10:20 * pi;
>> x = t. * sin(t);
>> y = t. * cos(t);
>> z = t;
>> plot3(x,y,z,'r')
```

运行结果如图 5-29 所示.

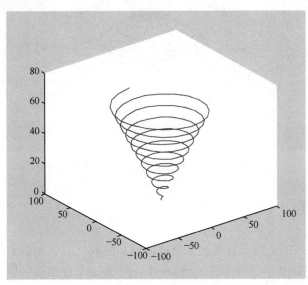

图 5-29　三维圆锥曲线图

5.3.2　ezplot3 函数

在 MATLAB 中提供了 ezplot3 函数，用于绘制符号函数的三维曲线图，其调用格式如下.

• ezplot3(funx,funy,funz)：在系统默认的区域（-2π, 2π）×（-2π, 2π）中绘制空间曲线 funx = funx(t)，funy = funy(t) 和 funz = funz(t) 的图形.

• ezplot3(funx,funy,funz,[tmin,tmax])：绘制空间曲线 funx = funx(t)，funy = funy(t) 和 funz = funz(t) 在区域（tmin,tmax）×（tmin,tmax）上的图形.

• ezplot3（…,'animate'）：产生空间曲线的一个动画轨迹.

【例 5-30】　利用 ezplot3 绘制例 5-29 中三维曲线的图像.

```
>> syms t;                      %符号变量t
>> x = t * sin(t);
>> y = t * cos(t);
>> z = t;
>> ezplot3(x,y,z,[-20 * pi,20 * pi])     %参数t的范围[-20 * pi,20 * pi]
```

运行结果如图 5-30 所示.

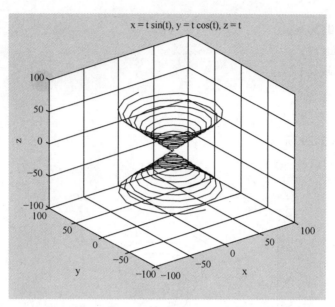

图 5-30   利用 **ezplot3** 函数绘制三维圆锥曲线图

5.4   三维网格图

网格图就是把相邻的数据点连接起来形成的网状曲面. 二元函数 $z = f(x,y)$ 的图形是三维空间曲面, 在 MATLAB 中总是假设函数 $z = f(x,y)$ 是定义在矩形区域 $D = [x_0, x_m] \times [y_0, y_n]$ 上的. 为了绘制三维曲面, MATLAB 把区间 $[x_0, x_m]$ 分成 m 份, 把区间 $[y_0, y_n]$ 分成 n 份, 这时区域 D 就被分成 $m \times n$ 个小矩形块. 每个小矩形块对应 4 个顶点 (也叫格点) $(x_i, y_i, f(x_i, y_i))$. 连接 4 个顶点得到一个空间中的四边形片. 所有这些四边形片就构成函数的空间网格曲面. 下面介绍绘制网格图常用的函数.

5.4.1   meshgrid 函数

在 MATLAB 中提供了 meshgrid 函数, 用来生成二元函数 $z = f(x,y)$ 在 X – Y 平面上的矩形定义域中格点矩阵 X 与 Y, 或者是三元函数 $u = f(x,y,z)$ 在立方体定义域中的格点矩阵 X、Y 和 Z, 其调用格式如下.

- $[X,Y] = \text{meshgrid}(x,y)$: 生成 X – Y 平面格点矩阵. 向量 x 为 X – Y 平面上矩形定义域的矩形分割线在 X 轴上的值; 向量 y 为 X – Y 平面上矩形定义域的矩形分割线在 Y 轴上的值. 输出变量 X 为 X – Y 平面上矩形定义域的矩形分割点的横坐标值矩阵; 输出变量 Y 为 X – Y 平面上矩形定义域的矩形分割点的纵坐标值矩阵. 输出变量 X 与 Y 是同型矩阵, 矩阵 X 的行向量都是向量 x, 矩阵 Y 的列向量都是向量 y.

- $[X,Y] = \text{meshgrid}(x)$: 等价于 $[X,Y] = \text{meshgrid}(x,x)$.

- $[X,Y,Z] = \text{meshgrid}(x,y,z)$: 生成三维空间格点矩阵.

- $[X,Y,Z] = \text{meshgrid}(x)$: 等价于 $[X,Y,Z] = \text{meshgrid}(x, x, x)$.

【例 5-31】 已知向量 $x = [1,2,4]$, $y = [3,5,6,9]$, 生成它们对应的格点矩阵.

```
>> x = [1,2,4];
>> y = [3,5,6,9];
>> [X,Y] = meshgrid(x,y)
```

运行结果如图 5-31 所示。

```
X =
     1     2     4
     1     2     4
     1     2     4
     1     2     4
Y =
     3     3     3
     5     5     5
     6     6     6
     9     9     9
```

图 5-31

5.4.2 mesh 函数

利用函数 meshgrid 生成格点矩阵，然后求出各格点对应的函数值，就可以利用三维网格函数 mesh 与三维表面函数 surf 画出空间曲面. 函数 mesh 用来绘制三维网格图，其调用格式如下.

• mesh(X,Y,Z)：绘制三维网格图，图像的颜色由 Z 确定，即图像的颜色与高度成正比. X,Y 可以是同维的矩阵，也可以是向量. 如果 X 和 Y 均为向量，那么 length(X) = n 且 length(Y) = m，其中 [m,n] = size(Z)，绘制的图形中，网格线上的点由坐标 (X(j),Y(i),Z(i,j)) 决定. 如果 X 和 Y 均为矩阵，则空间中的点 (X(i,j),Y(i,j),Z(i,j)) 为所画曲面的网格线上的点.

• mesh(Z)：以 Z 的元素为 Z 坐标，元素对应矩阵的行和列分别为 X 和 Y 坐标，绘制三维网格图.

• mesh(X,Y,Z,C)：其中 C 为矩阵. 绘制出的图像的颜色由 C 指定. MATLAB 对 C 进行线性变换，得到颜色映射表. 如果 X，Y，Z 为矩阵，则矩阵维数应该与 C 相同.

• mesh(…,'PropertyName',PropertyValue,…)：利用指定的属性绘制图形.

• meshc(X,Y,Z)：除了生成网格曲面，还在 X - Y 平面上生成曲面的等高线图形.

• meshz(X,Y,Z)：除了生成与 mesh 相同的网格曲面，还在曲线下面加上一个长方形的台柱，使图形更加美观.

• h = mesh(X,Y,Z)：用来返回一个图形对象的句柄.

【例 5-32】 画出函数 $z = x^2 + y^2$ 在 $x \geqslant -3$，$y \leqslant 3$ 上的图形，以及函数 $z = x^2 - 2y^2$ 在 $x \geqslant -10$，$y \leqslant 10$ 上的图形.

建立 M 文件 chap5_32.m，MATLAB 代码如下：

```
x1 = -3:0.1:3;
[X1,Y1] = meshgrid(x1);          % 相当于 [X1,Y1] = meshgrid(x1,x1)
Z1 = X1.^2 + Y1.^2;
subplot(121),mesh(X1,Y1,Z1)
title('抛物面')
x2 = -10:0.1:10;
[X2,Y2] = meshgrid(x2);
Z2 = X2.^2 - 2*Y2.^2;
subplot(122),mesh(X2,Y2,Z2)
title('马鞍面')
```

117

运行结果如图 5-32 所示.

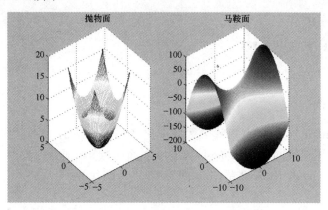

图 5-32　抛物面与马鞍面三维网格图

【例 5-33】　分别用函数 mesh、meshc、meshz 画出函数 $z = \sin(\sqrt{x^2 + y^2}) / \sqrt{x^2 + y^2}$ 在 $x \geqslant -8$，$y \leqslant 8$ 上的图形.

建立 M 文件 chap5_33. m，MATLAB 代码如下：

```
t = -8:0.1:8;
[x,y] = meshgrid(t);
r = sqrt(x.^2 + y.^2) + eps;
% 由于在邻近原点处，r 的某些元素可能会很小，因此加入 eps 可以避免出现零为除数
z = sin(r)./r;
subplot(1,3,1)
meshc(x,y,z),title('meshc')
subplot(1,3,2)
meshz(x,y,z),title('meshz')
subplot(1,3,3)
mesh(x,y,z),title('mesh')
```

运行结果如图 5-33 所示.

5.4.3　ezmesh 函数

在 MATLAB 中提供了 ezmesh 函数，用来绘制符号函数 $z = \text{fun}(x, y)$ 的网格图形，其调用格式如下.

● ezmesh(fun)：绘制函数 fun 在系统默认区域 $(-2\pi, 2\pi) \times (-2\pi, 2\pi)$ 上的三维网格图.

● ezmesh(funx,funy,funz)：绘制参数曲线 $x = \text{funx}(s,t)$、$y = \text{funy}(s,t)$ 和 $z = \text{funz}(s,t)$ 在系统默认区域 $(-2\pi, 2\pi) \times (-2\pi, 2\pi)$ 上的三维网格图.

● ezmesh(funx,funy,funz,[smin,smax,tmin,tmax])：绘制参数曲线 $x = \text{funx}(s,t)$、$y = \text{funy}(s,t)$ 和 $z = \text{funz}(s,t)$ 在 $(\text{smin}, \text{smax}) \times (\text{tmin}, \text{tmax})$ 上的三维网格图.

● ezmesh(funx,funy,funz,[min,max])：绘制参数曲线 $x = \text{funx}(s,t)$、$y = \text{funy}(s,t)$ 和

118

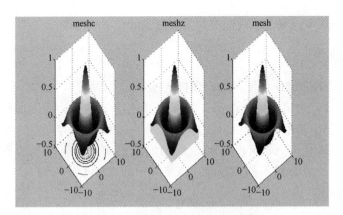

图 5-33　抛物面与马鞍面三维网格图

$z = \mathrm{funz}(s,t)$ 在 $(\min,\max) \times (\min,\max)$ 上的三维网格图.

● ezmesh$(\cdots,n)$：绘制函数 fun 在系统默认区域 $(-2\pi,2\pi) \times (-2\pi,2\pi)$ 上的三维网格图．其中网格数为 $n \times n$，n 的默认值为 60．

● ezmesh$(\cdots,\text{'circ'})$：在区域的中心圆盘上绘制 fun 的三维网格图.

【例 5-34】　绘制函数 $z = e^y \cos x + e^x \sin y$ 在 $x \geqslant -\pi$，$y \leqslant \pi$ 上的三维网格图.

```
>> syms x y;                              % 建立符号变量
>> f = exp(y) * cos(x) + exp(x) * sin(y);
>> ezmesh(f,[ -pi,pi],60)                 % 绘图,并设置绘图区域与网格数
```

运行结果如图 5-34 所示.

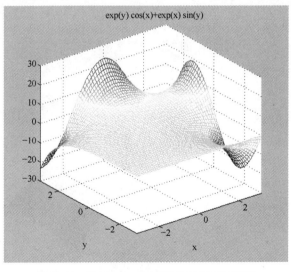

图 5-34　利用 ezmesh 函数绘制三维网格图

5.5　三维曲面图

曲面图是把网格图中网格围成的小片区域用不同的颜色填充，形成彩

三维曲面绘图

色表面. 在 MATLAB 中绘制三维曲面图的函数有 surf 的 ezsurf 等.

5.5.1 surf 函数

surf 函数用来绘制三维曲面图, 其调用格式如下.

- surf(X, Y, Z): 绘制三维曲面图, 图像的颜色由 Z 确定, 即图像的颜色与高度成正比. X, Y 可以是同维的矩阵, 也可以是向量. 如果 X 和 Y 均为向量, 那么 length(X) = n 且 length(Y) = m, 其中 $[m, n]$ = size(Z), 绘制的图形中, 网格线上的点由坐标 $(X(j), Y(i), Z(i, j))$ 决定. 如果 X 和 Y 均为矩阵, 则空间中的点 $(X(i, j), Y(i, j), Z(i, j))$ 为所画曲面的网格线上的点.
- surf(Z): 生成一个由矩阵 Z 确定的三维曲面图, 其中 $[m, n]$ = size(Z), 而 X = 1:n, Y = 1:m. 高度 Z 为定义在一个矩形区域内的单值函数, Z 同时指定曲面高度数据的颜色.
- surf(X, Y, Z, C): 其中 C 为矩阵. 绘制出的图像的颜色由 C 指定.
- surf(…, 'PropertyName', PropertyValue, …): 利用指定的属性绘制图形. 可以设定多个属性值.
- surfc(X, Y, Z): 除了生成三维曲面图, 还在 X – Y 平面上生成曲面的等高线图形.
- h = surf(X, Y, Z): 用来返回一个图形对象的句柄.

【例 5-35】 绘制函数 $z = xe^{-x^2-y^2}$, $x \geq -2$, $y \leq 2$ 的图形, 比较函数 surf 和 mesh.

建立 M 文件 chap5_35.m, MATLAB 代码如下:

```
x = -2:0.1:2;
[X, Y] = meshgrid(x);
Z = X. * exp(-X.^2 - Y.^2);
subplot(121), mesh(X, Y, Z), title('网格图')
subplot(122), surf(X, Y, Z), title('曲面图')
```

运行结果如图 5-35 所示.

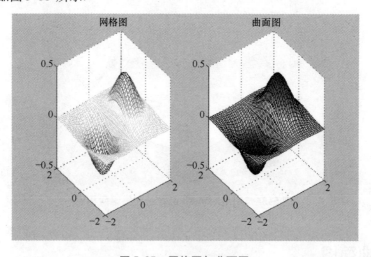

图 5-35　网格图与曲面图

【例 5-36】 绘制马鞍面、平面及其交线.

建立 M 文件 chap5_36. m，MATLAB 代码如下：

```
% 马鞍面
t = -10:0.1:10;
[x,y] = meshgrid(t);
z1 = (x.^2 - 2 * y.^2) + eps;
subplot(1,3,1),mesh(x,y,z1),title('马鞍面')
% 平面
a = input('平面方程(-50 < z < 50),z =')          % 动态输入平面方程 z 值
z2 = a * ones(size(x));
subplot(1,3,2),mesh(x,y,z2),title('平面')
% 交线是空间曲线,故用 plot3 函数
r0 = abs(z1 - z2) < =1;
zz = r0.* z2; yy = r0.* y; xx = r0.* x;
subplot(1,3,3),plot3(xx(r0 ~ =0),yy(r0 ~ =0),zz(r0 ~ =0),'x')
title('交线')
```

输入：z = 10，运行结果如图 5-36 所示．

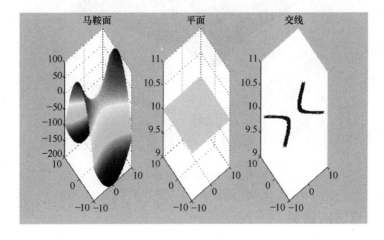

图 5-36　马鞍面、平面及其交线

5.5.2　ezsurf 函数

在 MATLAB 中提供了 ezsurf 函数，用来绘制符号函数 $z = fun(x,y)$ 的曲面图形，其调用格式如下．

- ezsurf(fun)：绘制函数 fun 在系统默认区域 $(-2\pi,2\pi) \times (-2\pi,2\pi)$ 上的三维曲面图．

- ezsurf(funx,funy,funz)：绘制参数曲线 $x = funx(s,t)$、$y = funy(s,t)$ 和 $z = funz(s,t)$ 在系统默认区域 $(-2\pi,2\pi) \times (-2\pi,2\pi)$ 上的三维曲面图．

- ezsurf(funx,funy,funz,[smin,smax,tmin,tmax])：绘制参数曲线 $x = funx(s,t)$、$y =$

funy(s,t)和 $z = funz(s,t)$ 在 $(smin, smax) \times (tmin, tmax)$ 上的三维曲面图.

● ezsurf(funx, funy, funz, [min, max]): 绘制参数曲线 $x = funx(s,t)$、$y = funy(s,t)$ 和 $z = funz(s,t)$ 在 $(min, max) \times (min, max)$ 上的三维曲面图.

● ezsurf(⋯, n): 绘制函数 fun 在系统默认区域 $(-2\pi, 2\pi) \times (-2\pi, 2\pi)$ 上的三维曲面图. 其中网格数为 $n \times n$, n 的默认值为 60.

● ezsurf(⋯, 'circ'): 在区域的中心圆盘上绘制 fun 的三维曲面图.

【例 5-37】 利用 ezsurf 函数绘制例 5-35 中函数的图形.

```
>> ezsurf('x * exp( -x^2 - y^2)', [-2,2])
```

运行结果如图 5-37 所示.

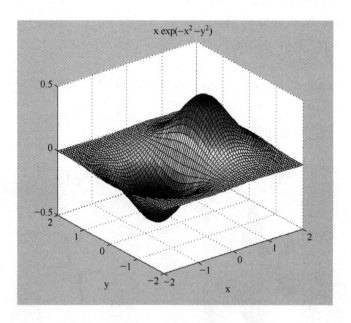

图 5-37　ezsurf 函数绘图效果

5.5.3　柱面与球面的绘制

1. cylinder( ) 函数

在 MATLAB 中, 可以使用 cylinder 函数绘制柱面. 另外, cylinder 可以产生柱面的 X、Y 与 Z 轴的坐标值, 然后用户可以再利用函数 surf 或 mesh 画出柱面, 或直接利用没有输出参数的 cylinder 函数来绘制图形, 其调用格式如下.

球面和柱面绘图

● [X, Y, Z] = cylinder: 返回半径为 1 的圆柱面的 X、Y 与 Z 轴的坐标值.

● [X, Y, Z] = cylinder(r): 返回用 r 定义周长曲线的柱面的 X、Y 与 Z 轴的坐标值, cylinder 函数将 r 中的每个元素作为半径.

● [X, Y, Z] = cylinder(r, n): 返回用 r 定义周长曲线的柱面的 X、Y 与 Z 轴的坐标值, 柱面上分格线条数为 n, n 默认值为 20.

- cylinder(…)：没有任何输出参数，因此会直接绘制柱面.

【例5-38】 画柱面与改变柱面半径的图形.

建立 M 文件 chap5_38. m，MATLAB 代码如下：

```
subplot(1,2,1),cylinder,axis square        % 默认的圆柱面,半径为1
t = - pi:pi/10:pi;
[X,Y,Z] = cylinder(1 + sin(t));            % 柱面的半径为:1 + sin(t)
subplot(1,2,2),surf(X,Y,Z),axis square
```

运行结果如图 5-38 所示.

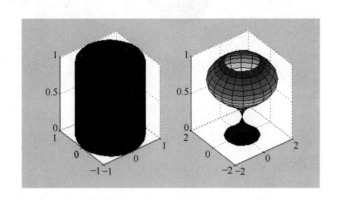

图 5-38　绘制柱面与改变柱面半径的图形

2. sphere( ) 函数

在 MATLAB 中提供了 sphere 函数，用来绘制三维直角坐标系中的球面，其调用格式如下.

- sphere：绘制单位球面，球面上分格线条数为默认值 20.
- sphere (n)：绘制单位球面，球面上分格线条数为 n.
- [X,Y,Z] = sphere(n)：返回 3 个阶数为 (n + 1) × (n + 1) 的直角坐标系中的球面坐标矩阵，且用 surf (X,Y,Z) 正好绘制为单位球面.

【例5-39】 球面的绘制.

建立 M 文件 chap5_39. m，MATLAB 代码如下：

```
clear all;
[x,y,z] = sphere;
surf(x,y,z)                    % 在坐标原点绘制单位球面
hold on
surf(x +3,y -2,z)             % 以(3, -2,0)为球心绘制单位球面
surf(2 * x,2 * y -1,2 * z -3)  % 以(0, -1, -3)为球心绘制单位球面
daspect([1,1,1])             % 坐标轴比例1:1:1
```

运行结果如图 5-39 所示.

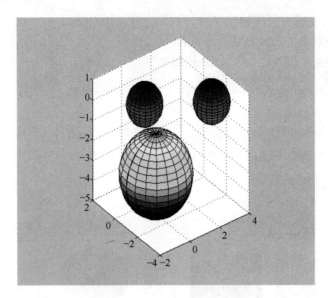

图 5-39　绘制球面

5.6　三维图形控制命令

三维图形比二维图形具有更多的控制信息，除了可以像二维图形那样控制线型、颜色，还可以控制图形的视角、材质和光照等，这些都是二维图形所没有的.

5.6.1　视角控制 view 函数

三维视图表现一个空间内的图形，为了使图形的效果更逼真，可以从不同的位置和角度来观察该图形. MATLAB 提供了图形视角控制函数 view，其调用格式如下.

● view(az,el)：设置三维图的方位角与仰角. 其中，az 为水平方位角，从 Y 轴负方向开始，以逆时针方向旋转为正；el 为垂直方位角即仰角，以向 Z 轴正方向为正，向 Z 轴负方向为负. 若仅显示 X、Y 两个轴，则设置 view(0,90)；若仅显示 Y、Z 两个轴，则设置 view(90,0)；若仅显示 X、Z 两个轴，则设置 view(0,0).

● view([x,y,z])：在笛卡儿坐标系中的点(x,y,z)处设置视角.

● view(2)：设置默认的二维视角，此时 az = 0，el = 90.

● view(3)：设置默认的三维视角，此时 az = − 37.5，el = 30.

● [az,el] = view：返回当前的方位角 az 与仰角 el.

【例 5-40】　设置不同视角观察函数 peaks 的图形.

建立 M 文件 chap5_40.m，MATLAB 代码如下：

```
clear all;
[X,Y,Z] = peaks(20);
subplot(2,2,1);　surf(X,Y,Z);
title('(a)三维视图');
```

```
subplot(2,2,2);  surf(X,Y,Z);
view(0,90);
title('(b)俯视图');
subplot (2,2,3);  surf(X,Y,Z);
view(60,45);
title('(c)斜视图');
subplot(2,2,4);  surf(X,Y,Z);
view(30,0);
title('(d)侧视图');
```

运行结果如图 5-40 所示.

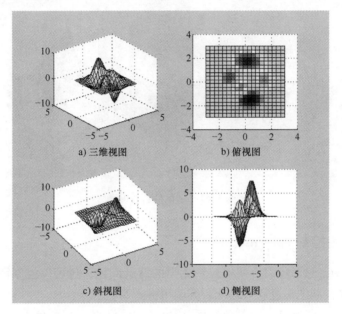

a) 三维视图　　　　　　b) 俯视图

c) 斜视图　　　　　　d) 侧视图

图 5-40　改变视角的效果图

5.6.2　背景颜色控制 colordef 命令

丰富的颜色可以使图形更有表现力, 在 MATLAB 中, 提供了多种色彩控制命令, 它们可以对整个图形中的所有因素进行颜色设置.

设置图形背景颜色的命令是 colordef, 其调用格式如下.

- colordef　white: 将图形的背景颜色设置为白色.
- colordef　black: 将图形的背景颜色设置为黑色.
- colordef　none: 无背景色, 即此时图形的背景颜色与图形窗口的颜色相同.
- colordef(fig, coloroption): 将图形句柄 fig 图形的背景设置为由 coloroption 指定的颜色.

说明: 使用 colordef 设置背景颜色将影响其后产生的图形窗口中所有对象的颜色.

【例 5-41】　为 peaks 函数图形设置不同的背景颜色.

建立 M 文件 chap5_41.m，MATLAB 代码如下：

```
subplot(1,3,1);colordef none;
surf(peaks(35));
subplot(1,3,2);colordef black;
surf(peaks(35));
subplot(1,3,3);colordef white;
surf(peaks(35));
```

运行结果如图 5-41 所示.

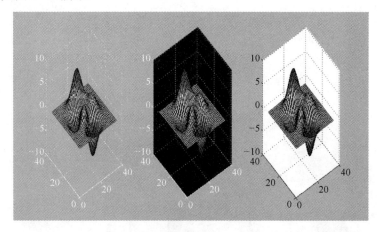

图 5-41　不同的背景颜色

5.6.3　图形颜色控制 colormap 命令

在 MATLAB 中，除了可以方便地控制图形的背景颜色，还可以控制图形的颜色. 函数 colormap 主要用来控制图形色彩与表现，其调用格式如下.

● colormap([R,G,B])：用单色绘图，[R,G,B]代表一个配色方案，R 代表红色，G 代表绿色，B 代表蓝色，且 R、G、B 值须在[0,1]区间内. 通过对 R、G、B 大小的设置，可以调制出不同的颜色.

表 5-5 列出了一些常见的颜色配比方案.

colormap([R,G,B])命令中，参数[R,G,B]是一个三列矩阵，行数不限，这个矩阵就是色图矩阵，色图矩阵可以通过对矩阵元素的直接赋值来定义，也可以按照某个数据规律产生. MATLAB 预定义了一些色图矩阵 CM 数值，其调用格式如下.

● colormap(CM)：根据色图矩阵 CM 设置图形颜色.

表 5-6 列出 MATLAB 中常用的色图矩阵名称及其含义.

表 5-5　MATLAB 中典型的颜色配比方案

R（红）	G（绿）	B（蓝）	调制的颜色
0	0	0	黑
1	1	1	白

（续）

R（红）	G（绿）	B（蓝）	调制的颜色
1	0	0	红
0	1	0	绿
0	0	1	蓝
1	1	0	黄
1	0	1	洋红
0	1	1	青蓝
0.5	0	0	深红
0.5	0.5	0.5	灰色

表 5-6　色图矩阵名称及其含义

名　称	含　义	名　称	含　义
bone	蓝色调灰色图	hot	黑红黄白色图
cool	青红浓淡色图	hsv	饱和色图
copper	纯铜色调浓淡色图	jet	蓝头红尾饱和色图
flag	红白兰黑交错图	pink	粉红色图
gray	灰度调浓淡色图	prism	光谱色图

【例 5-42】　绘制 peaks 的图形，同时设置改图形的颜色.
建立 M 文件 chap5_42.m，MATLAB 代码如下：

```
surf(peaks(30));
colormap(cool)          %使用 cool 绘图
```

运行结果如图 5-42 所示.

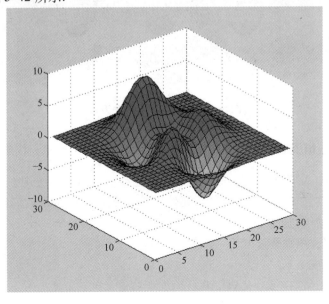

图 5-42　使用 cool 绘图

5.6.4 图形着色控制 shading 命令

在 MATLAB 中，除了可以为图形设置不同的颜色，还可以设置颜色的着色方式. 着色控制由 shading 命令决定，其调用格式如下.

● shading flat：使用平滑方式着色. 网格图的某条线段或者曲面图中的某整个贴片都是一种颜色，该颜色取自线段的两端或者该贴片 4 个顶点中下标最小那点的颜色.

● shading interp：使用插值的方式为图形着色. 网格图线段，或者曲面图贴片上各点的颜色由该线段两端或该贴片 4 个顶点的颜色线性插值所得.

● shading faceted：以平面为单位进行着色，在 flat 着色基础上，在贴片的四周勾画黑色网线，这是系统默认着色方式.

【例 5-43】 绘制球面，并进行不同的着色.

建立 M 文件 chap5_43. m，MATLAB 代码如下：

```
[X,Y,Z] = sphere(30);
subplot(1,3,1); surf(X,Y,Z); shading interp        % interp 着色，最光滑
subplot(1,3,2); surf(X,Y,Z); shading flat          % flat 着色，线条着色
subplot(1,3,3); surf(X,Y,Z)                        % 系统默认方式着色，线条黑色
```

运行结果如图 5-43 所示.

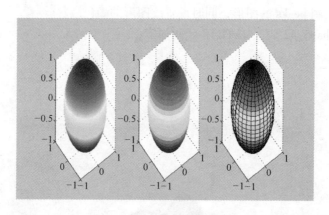

图 5-43　图形的不同着色方式

5.6.5 透视控制 hidden 命令

在 MATLAB 中，使用 mesh、surf 等命令绘制三维图形时，三维图形后面的网格线会被隐藏，如果需要了解隐藏的网格线，就需要使用透视控制命令 hidden，其调用格式如下.

● hidden on：消隐重叠线.

● hidden off：透视重叠线.

【例 5-44】 透视演示.

建立 M 文件 chap5_44. m，MATLAB 代码如下：

```
[X0,Y0,Z0] = sphere(30);
X = 2 * X0; Y = 2 * Y0; Z = 2 * Z0;
surf(X0,Y0,Z0);                         % 画里面的小球
shading interp                          % 使用插值的方法着色
hold on, mesh(X,Y,Z), colormap(hot)     % 画外面的大球
hidden off                              % 透视外面大球看到里面的小球
axis equal, axis off                    % 使坐标轴在三个方向上刻度增量相同,并消
                                           隐坐标轴
```

运行结果如图 5-44 所示.

图 5-44　透视演示效果

5.6.6　三维图形的光照控制

通过对图形的光照控制可以使图形的效果更逼真，MATLAB 中提供了函数 camlight、light、lighting、material 控制图形的光照效果，下面详细介绍这些函数的使用.

1. camlight 函数

在 MATLAB 中提供了 camlight 函数，用于实现光源的设置，其调用格式如下.

- camlight headlight：创建光源，位于摄像方位的上方.
- camlight right：创建光源，位于摄像方位的右侧.
- camlight left：创建光源，位于摄像方位的左侧.
- camlight：创建光源，默认情况下位于摄像方位的右侧.
- camlight(az,el)：创建光源，输入参数 az、el 分别表示光源的方位角和仰角.
- camlight(…,'style')：参数 style 用与设置创建的光源的类型，类型 local（默认）表示创建的光源在各个方向都有辐射光，类型 infinite 表示创建的光源处于无限远处，发射平行光.

2. light 函数

函数 light 用于创建光源对象，其调用格式如下.

● light('PropertyName',PropertyValue,…)：创建光源并设置光源的 PropertyName 属性值为 PropertyValue，可以设置的属性有 positon 属性，表示光源的位置；color 属性表示光源的颜色；style 属性，表示光源的类型.

● handle = light(…)：返回创建光源对象的句柄.

3. lighting 函数

函数 lighting 用于设置光源照明的模式，其调用格式如下.

● lighting flat：将入射光均匀洒落在图形对象的每个面上. 主要与 facted 配合使用，它是默认形式.

● lighting gouraud：先对顶点颜色进行插补，再对顶点勾画的面色进行插补，用于曲面表现.

● lighting phong：对顶点处的法线进行插值，再计算各像素的反光. 使用该函数效果好，但比较费时.

● lighting none：关闭所有光源.

4. material 函数

函数 material 用于控制光照效果的材质，其调用格式如下.

● material shiny：该材质下镜面反射较大，图形对象比较明亮.

● material dull：该材质下漫散射较强，没有镜面反射，图形对象比较暗淡.

● material metal：该材质下的图形对象具有金属光泽.

● material([ka,kd,ks,n,sc])：设置背景光、漫散射、镜面反射的强度、镜面反射指数 n 及镜面反射系数 sc.

● material default：设置光照效果的材质为默认状态.

【例 5-45】 绘制光照处理后的球面并观察不同光照模式下的效果.

建立 M 文件 chap5_45. m，MATLAB 代码如下：

```
clear all;
[x,y,z] = sphere(25);
subplot(141);
surf(x,y,z);axis equal;
shading interp;                    % 着色方式
subplot(142);
surf(x,y,z);axis equal;
light('Position',[0,1,1]);         % 光源位置[0,1,1]
shading interp;
lighting flat;                     % 光源照明的模式 flat
subplot(143);
surf(x,y,z);axis equal;
light('Position',[1,0,1]);         % 光源位置[1,0,1]
shading interp;
lighting gouraud;
```

```
subplot(144);surf(x,y,z);axis equal;
light('Position',[-1,0,-1]);              %光源位置[-1,0,-1]
shading interp;
lighting phong
```

运行结果如图 5-45 所示.

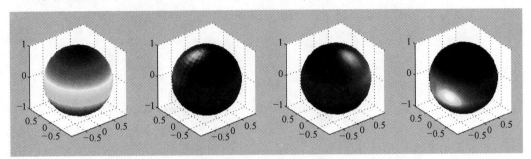

图 5-45　光照处理效果图

5.7　特殊三维图形

绘制波浪曲面

在科学研究中，有时需要绘制一些特殊的三维图形，如统计学中的三维直方图、圆柱体图、饼形图等. MATLAB 中提供了用于绘制这些特殊三维图形的函数，下面分别介绍.

5.7.1　三维条形图

在 MATLAB 中，使用函数 bar3 和 bar3h 来绘制三维条形图，其调用格式与二维条形图函数 bar 和 barh 基本相同.

【例 5-46】　使用函数 bar3 和 bar3h 绘制一个随机矩阵的横向与纵向三维条形图.

建立 M 文件 chap5_46.m，MATLAB 代码如下：

```
x = rand(4,4) * 10;            %产生 4×4 矩阵，其中每个元素为 0 ~ 10 之间的随机数
subplot(2,2,1),bar3(x,'detached'),title('detached');
subplot(2,2,2),bar3(x,'grouped'),title('grouped');
subplot(2,2,3),bar3h(x,'stacked'),title('stacked');
subplot(2,2,4),bar3h(x,'detached'),title('detached');
```

运行结果如图 5-46 所示.

5.7.2　三维饼形图

pie3 函数用于绘制三维饼形图，其用法与二维饼形图函数 pie 基本相同.

【例 5-47】　使用 pie3 函数绘制三维饼形图.

建立 M 文件 chap5_47.m，MATLAB 代码如下：

131

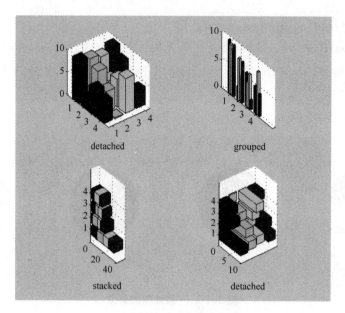

图 5-46　三维条形图

```
x1 = [1,3,4,1.5,0.5];
explode1 = [0,1,0,0,0];                  % 第二个扇形突出显示
subplot(121),pie3（x1,explode1）,title('完整饼形图')
x2 = [0.2,0.15,0.25,0.1];                % x2 元素之和小于 1, 将绘制一个不完整的饼
                                            形图
explode2 = [0,1,0,0];
subplot(122),pie3（x2,explode2）,title('不完整饼形图')
```

运行结果如图 5-47 所示.

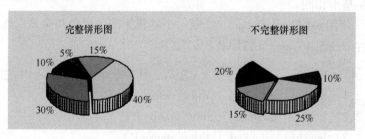

图 5-47　三维饼形图

5.7.3　三维火柴棍图

stem3 函数用于绘制三维离散火柴棍图, 其用法与二维离散火柴棍图 stem 函数基本相同.

【例 5-48】　使用 stem3 函数绘制三维火柴棍图.

建立 M 文件 chap5_48.m, MATLAB 代码如下:

```
X = linspace(1,7,30);
Y = 3 * cos(X);
Z = 5 * sin(X);
stem3(Y,Z,X,'fill'), axis off
```

运行结果如图 5-48 所示.

5.7.4　三维等高线图

contour3 函数用于绘制三维等高线图, 其用法与二维等高线图 contour 函数基本相同.

【例 5-49】　使用 contour3 绘制函数 $z = xe^{-x^2-y^2}$ 的等高线图.

建立 M 文件 chap5_49.m, MATLAB 代码如下:

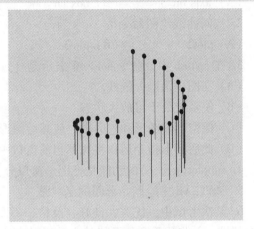

图 5-48　三维火柴棍图

```
t = -2:0.25:2;
[x,y] = meshgrid(t);
z = x. * exp(-x.^2 - y.^2);
contour3(x,y,z,36)          %绘制 z 的等高线图,36 为等高线的数目
grid off                    %去掉网格线
```

运行结果如图 5-49 所示.

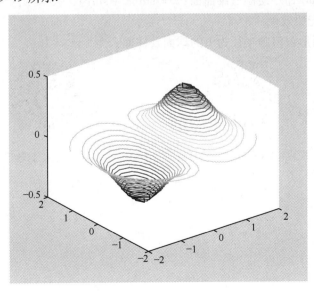

图 5-49　三维等高线图

习 题 5

1. 在图形窗口显示网格线的命令是（　　）.

（A）axis on　　　　（B）box on　　　　（C）grid on　　　　（D）hidden on

2. 空间曲线绘图命令是（　　）.

（A）plot2　　　　（B）plot3　　　　（C）surf　　　　（D）plot

3. 在 matlab 中，命令 hold off 表示是（　　）.

（A）在图中消隐分隔线.

（B）使系统处于可放大状态.

（C）保留当前图形和它的轴，使其后图形放在当前图形上.

（D）此后图形指令运作将抹掉当前窗口中的旧图形，然后画上新图形.

4. subplot(a,b,c)的功能是把图形窗口分为＿＿＿＿＿＿＿＿个子图.

5. MATLAB 中绘制条形图的函数是＿＿＿＿＿＿＿.

6. 某次考试中，优秀、良好、及格、不及格的人数分别为 6、20、34、5，使用此数据绘制饼图，并将优秀和不及格的人数所对应的扇区分离出来.

7. 绘制 $y = e^{\frac{x}{3}}\sin(3x), x \in [0, 4\pi]$ 的图像，要求用蓝色的星号画图；并且画出其包络线 $y = \pm e^{\frac{x}{3}}$ 的图像，用红色的点划线画图，要求用函数 title，legend，text，xlabel，ylabel 对图像进行文字标注.

8. 绘制三维曲线 $\begin{cases} x = e^{-0.2t}\cos 2t \\ y = e^{-0.2t}\sin 2t, 0 \le t \le 2\pi. \\ z = 2t \end{cases}$

9. 用 mesh 与 surf 命令绘制三维曲面：$z = \sin(x + \sin y), -3 \le x, y \le 3$ 的图像，并使用不同的着色效果及光照效果.

10. 在同一个图形窗口画半径为 1 的球面及柱面：$x^2 + y^2 = 1$.

应用拓展_船只航行警示线　　　　　趣味实验_绘制玫瑰花

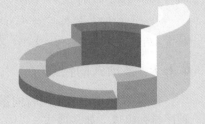

第 6 章

数 值 运 算

在实际工程中，往往有很多复杂的问题，无法通过手工计算方便地解决问题，此时借助于计算机的数值分析是处理复杂问题的有效措施．MATLAB 提供了丰富的数值运算函数，特别是对一些大型的复杂问题，MATLAB 数值运算功能更凸显出其优势．本章主要介绍 MATLAB 中多项式相关的运算、曲线拟合与插值、数值积分与常微分方程的数值解法．

应用拓展_符号方程求解

6.1 多项式

多项式

多项式是一种应用广泛的代数表达式. 一般地, 次数不超过 $n \in \mathbf{N}$ 次的一元多项式可用 $p_n(x)$ 表示, 即

$$p_n(x) = a_n x^n + a_{n-1} x^{n-1} + a_{n-2} x^{n-2} + \cdots + a_1 x + a_0$$

其中, $a_i(i = 0, 1, \cdots, n-1, n)$ 为常数且 $a_n \neq 0$.

6.1.1 多项式的创建

在 MATLAB 中, 使用行向量来表示多项式, 行向量由多项式的系数按幂次由高到低的顺序排列组成. 如多项式

$$f(x) = a_n x^n + a_{n-1} x^{n-1} + a_{n-2} x^{n-2} + \cdots + a_1 x + a_0$$

可以用长度为 $n+1$ 的系数行向量表示: $p = [a_n, a_{n-1}, a_{n-2}, \cdots, a_1, a_0]$. 若缺项, 则对应项的系数用 0 补齐.

除了直接输入行向量, 在 MATLAB 中提供 poly 函数生成多项式, 其调用格式如下.

• $p = \text{poly}(A)$: 若 A 为方阵, 则生成矩阵 A 的特征多项式系数向量; 若 A 为向量, 则生成以 A 中的元素为根的多项式系数向量.

在 MATLAB 中, 提供 poly2str 函数生成多项式的习惯形式, 其调用格式如下.

• poly2str(p,'x'): 将表示多项式系数的行向量 p 转换为变量是 x 的多项式的习惯形式.

【例 6-1】 在 MATLAB 中输入多项式 $f(x) = x^4 + 3x^2 - 2x + 5$, 并将其转化为多项式的习惯形式输出.

```
>> p = [1 0 3 -2 5];              %三次项系数用 0 补齐
>> f = poly2str(p,'x')
f =
   x^4 + 3 x^2 - 2 x + 5
```

【例 6-2】 求矩阵 $\begin{pmatrix} 1 & 2 & 3 \\ 4 & 5 & 6 \\ 7 & 8 & 0 \end{pmatrix}$ 的特征多项式.

```
>> A = [1 2 3; 4 5 6; 7 8 0];
>> p = poly(A);
>> f = poly2str(p,'x')
f =
   x^3 - 6 x^2 - 72 x - 27
```

【例 6-3】 求以 $1 \pm 2i$, 2, 3 为根的多项式.

```
>> r = [1+2i, 1-2i, 2, 3];        %根向量
>> p = poly(r);
```

```
>>f = poly2str(p,'t')          %转换为变量是 t 的多项式习惯形式
f =
    t^4 - 7 t^3 + 21 t^2 - 37 t + 30
```

6.1.2 多项式基本运算

多项式的基本运算函数如表6-1所示.

表6-1 多项式基本运算函数

函 数 名 称	功 能 简 介
conv(p1,p2)	多项式 p1 与 p2 相乘
[q,r] = deconv(p1,p2)	多项式 p1 除以多项式 p2，商为多项式 q，余式为 r
polyder(p)	对多项式 p 求导
polyder(p1,p2)	对多项式 p1 和 p2 的乘积进行求导
polyint(p)	对多项式 p 求积分
polyval(p,x)	按数组规则计算 x 处多项式的值
polyvalm(p,x)	按矩阵规则计算 x 处多项式的值
roots(p)	多项式求根

1. 多项式加减法

多项式的加减法是多项式系数行向量之间的运算（要满足矩阵加减法的运算法则）. 若两个行向量的阶数相同，则直接进行加减；若阶数不同，则需要首零填补，使之具有和高阶多项式一样的阶数，计算结果仍是表示多项式系数的行向量.

【例6-4】 已知两个多项式 $p(x) = x^3 - 2x + 5, q(x) = 3x - 1$，求其和与差.

```
>>p = [1 0 -2  5];
>>q = [0 0  3 -1];              % q 高位补 0
>>r1 = p + q;
>>he = poly2str(r1,'x')
he =
    x^3 +   x + 4
>>r2 = p - q;
>>cha = poly2str(r2,'x')
cha =
    x^3 - 5x + 6
```

2. 多项式乘法

命令形式如下.

• c = conv(p1,p2)：求多项式 p1 与 p2 的乘积，c 为结果多项式系数向量.

【例6-5】 求多项式 $p(x) = 2x^3 + 4x + 3$ 和 $q(x) = x^2 + 2x + 1$ 的积.

```
>>p = [2 0 4 3]; q = [1 2 1];
>>pq = conv(p,q);
>>poly2str(pq,'x')
ans =
   2 x^5 + 4 x^4 + 6 x^3 + 11 x^2 + 10 x + 3
```

3. 多项式除法

命令形式如下.

• [q,r] = deconv(p1,p2)：做多项式 p1 除以多项式 p2 的运算，计算结果的商为多项式 q，余式为 r.

【例 6-6】 求多项式 $p_1(x) = 2x^4 + 3x^2 - 4x + 3$ 除以 $p_2(x) = x^2 + 3x + 1$ 的商和余式.

```
>>p1 = [2 0 3 -4 3]; p2 = [1 3 1];
>>[q,r] = deconv(p1,p2);
>> shang = poly2str(q,'x')
>> yushi = poly2str(r,'x')
shang =
   2 x^2 - 6 x + 19
yushi =
   -55 x - 16
```

可以利用乘法运算对结果进行验算，即：$p_1 = p_2 \times q + r$

```
>> conv (p2, q) + r                    % 利用多项式乘法进行验算
ans =
   2    0    3    -4    3
```

4. 求多项式的值

求多项式的值有两种命令形式.

• y = polyval(p,x)：计算多项式 p 在 x 点的值，x 可以是标量也可以是矩阵. 当 x 是矩阵时，表示求多项式 p 在 x 中各元素的值.

• y = polyvalm(p,x)：计算多项式 p 对于矩阵 x 的值，x 可以是标量也可以是矩阵. 当 x 是标量时，值与 polyval 相同；当 x 是矩阵时，则必须是方阵.

【例 6-7】 求多项式 $p(x) = 3x^2 + 2x + 3$ 在 $x = -1, 0, 1, 4$ 处的值.

```
>>p = [3 2 3]; x = [-1 0 1 4];
>>y = polyval(p,x)
y =
   4    3    8    59
```

【例 6-8】 求多项式 $p(x) = 2x^2 + 3x + 4$ 在 $1, 3, 5, 7$ 处的值及 $x = \begin{pmatrix} 1 & 3 \\ 5 & 7 \end{pmatrix}$ 时的值.

```
>>p = [2 3 4]; x = [1 3;5 7];
>>y1 = polyval(p,x)        %计算 x 中每一点处的值，相当于 2 * x. ^2 +3 * x +4 * ones
                             (size(x))
y1 =
      9       31
     69      123
>>y2 = polyvalm(p,x)       % 相当于 2 * x^2 +3 * x +4 * eye(size(x))
y2 =
     39       57
     95      153
```

5. 求多项式方程的根

求多项式方程的根命令形式如下.

• r = roots(p)：求以 p 为系数行向量的多项式方程的根.

【例 6-9】　求多项式方程 $x^4 - 17x^3 + 95x^2 - 199x + 120 = 0$ 的根.

```
>>p = [1 -17 95 -199 120];
>>r = roots(p)           %多项式求根
r =
     8.0000
     5.0000
     3.0000
     1.0000
```

可通过 poly() 函数进行验证.

```
>> poly(r)              %由根向量求对应的多项式
ans =
     1.0000   -17.0000   95.0000  -199.0000   120.0000
```

6. 多项式的导数与积分

多项式的导数与积分命令形式如下.

• q = polyder(p)：求多项式 p 的导数.

• q = polyder(p1,p2)：求多项式 p1 和 p2 乘积的导数.

• [q,d] = polyder(p1,p2)：求有理分式的导数，其中 p1 为有理分式的分子，p2 为有理分式的分母，q 的导数的分子，d 是导数的分母.

• q = polyint(p,c)：求多项式 p 的不定积分，参数 c 为积分结果中的常数项，如果省略，取默认值 c = 0.

【例 6-10】　求多项式 $p(x) = x^4 + 3x^3 + 2x + 7$ 的导数，并对求导结果进行积分加以验算.

```
>>p = [1 3 0 2 7];
>>q = polyder(p);              %求多项式 p 的导数 q
```

```
>> daoshu = poly2str(q,'x')
daoshu =
    4 x^3 + 9 x^2 + 2
>> p2 = polyint(q,7)          % 对求导结果进行积分，积分常数 c = 7
p2 =
    1    3    0    2    7
```

【例 6-11】 求多项式 $p(x) = 3x^3 + 2x + 1$ 与 $q(x) = x^2 + 2x + 3$ 乘积的导数.

```
>> p = [3 0 2 1];
>> q = [1 2 3];
>> r = polyder(p,q);          % 相当于 r = polyder(conv(p,q))
>> daoshu = poly2str(r,'x')
daoshu =
   15 x^4 + 24 x^3 + 33 x^2 + 10 x + 8
```

【例 6-12】 求有理分式 $\dfrac{p(x)}{q(x)} = \dfrac{x^5 + 2x^4 - x^3 + 3x^2 + 4}{x^3 + 2x^2 + x - 2}$ 的导数.

```
>> p = [1 2 -1 3 0 4]; q = [1 2 1 -2];
>> [n,d] = polyder(p,q);
>> fenzi = poly2str(n,'x')
fenzi =
    2 x^7 + 8 x^6 + 12 x^5 - 9 x^4 - 18 x^3 - 3 x^2 - 28 x - 4
>> fenmu = poly2str(d,'x')
fenmu =
    x^6 + 4 x^5 + 6 x^4 - 7 x^2 - 4 x + 4
```

6.1.3 多项式部分分式展开

在 MATLAB 中可运用 residue 函数实现多项式部分分式展开，其调用格式如下.

• [r,p,k] = residue(a,b)：求有理分式部分分式展开，其中 a、b 分别是分子、分母多项式系数的行向量，r 为留数行向量，p 为极点行向量，k 为直项行向量. 满足：

$$\frac{a(x)}{b(x)} = \frac{r_1}{x - p_1} + \frac{r_2}{x - p_2} + \cdots + \frac{r_n}{x - p_n} + k(x)$$

• [a,b] = residue(r,p,k)：为部分分式展开的逆运算，调用该函数即可实现部分分式组合.

【例 6-13】 求有理分式 $\dfrac{a(x)}{b(x)} = \dfrac{x + 1}{x^2 - 5x + 6}$ 的部分展开式，再利用展开的结果转换回原来的两个多项式.

```
>>a = [1 1]; b = [1  -5 6];
>>[r,p,k] = residue(a,b)          %有理分式部分分式展开
r =
     4.0000
    -3.0000
p =
     3.0000
     2.0000
k =
     []
```

从结果可以看出: $\dfrac{x+1}{x^2-5x+6} = \dfrac{4}{x-3} + \dfrac{-3}{x-2}$

```
>>[a2,b2] = residue(r,p,k)          %部分分式展开的逆运算
a2 =
     1.0000    1.0000
b2 =
     1      -5      6
```

6.1.4　多项式拟合

在许多实验中,我们经常要对一些实验数据(离散的点)进行多项式的拟合,其目的是用一个较简单的函数去逼近一个复杂的或未知的函数,即用一条曲线(多项式)尽可能地靠近离散的点,使其在某种意义下达到最优. 而 MATLAB 曲线拟合的一般方法为最小二乘法,以保证误差最小. 在采用最小二乘法求曲线拟合时,实际上是求一个多项式的系数向量,其命令形式如下.

- p = polyfit(x,y,n):运用最小二乘法,求由给定向量 x 和 y 对应的数据点的 n 次多项式拟合函数,p 为所求拟合多项式的系数向量.

【例 6-14】　现有一组实验数据: x 的取值是从 1 到 2 之间的数,间隔为 0.1, y 的取值为 2.1,3.2,2.1,2.5,3.2,3.5,3.4,4.1,4.7,5.0,4.8,要求分别用二次、三次和七次拟合曲线来拟合这组数据,观察这三组拟合曲线哪个效果更好?

建立 M 文件 chap6_14.m,MATLAB 代码如下:

```
clf,clear
x = 1:0.1:2;
y = [2.1,3.2,2.1,2.5,3.2,3.5,3.4,4.1,4.7,5.0,4.8];
p2 = polyfit(x,y,2);          %多项式拟合,阶数是 2,p2 为拟合多项式的系数
p3 = polyfit(x,y,3);
p7 = polyfit(x,y,7);
disp('二阶拟合函数:'),f2 = poly2str(p2,'x')
```

```
disp('三阶拟合函数:'),f3 = poly2str(p3,'x')
disp('七阶拟合函数:'),f7 = poly2str(p7,'x')
x1 = 1:0.01:2;
y2 = polyval(p2,x1);                    % 多项式 p2 在 x1 处的值
y3 = polyval(p3,x1);
y7 = polyval(p7,x1);
plot(x,y,'rp',x1,y2,'--',x1,y3,'k-.',x1,y7);
legend('拟合点','二次拟合','三次拟合','七次拟合','Location','NorthWest')
```

运行文件得到结果如下:

二阶拟合函数:
f2 =
   1.3869 x^2 - 1.2608 x + 2.141
三阶拟合函数:
f3 =
    -5.1671 x^3 + 24.6387 x^2 - 35.2187 x + 18.2002
七阶拟合函数:
f7 =
   2865.3128x^7 - 30694.4445x^6 + 139660.1308x^5 - 349771.6504x^4
   + 520586.1273x^3 - 460331.9373x^2 + 223861.6018x - 46173.0376

各次拟合曲线比较如图 6-1 所示,通过图形对比可以看出,对于此题,拟合多项式阶数越高,拟合程度越好.

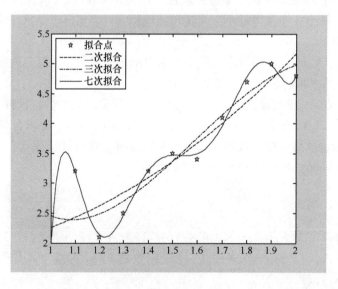

图 6-1　拟合曲线比较

【例6-15】 汽车司机在行驶过程中发现前方出现突发事件时会紧急刹车,人们把从司机决定刹车到车完全停止这段时间内汽车行驶的距离称为刹车距离. 为了测定刹车距离与车速之间的关系,用同一汽车同一司机在不变的道路和气候下测得数据（见表6-2）. 试由此求刹车距离与车速之间的函数关系并画出曲线,估计其误差.

表6-2 例6-15数据

车速（km/h）	20	40	60	80	100	120	140
刹车距离（m）	6.5	17.8	33.6	57.1	83.4	118	153.5

建立M文件chap6_15.m,MATLAB代码如下:

```
v = [20:20:140]/3.6;              %将速度转化成m/s,与刹车距离统一单位
y = [6.5 17.8 33.6 57.1 83.4 118 153.5];
p2 = polyfit(v,y,2);              %用阶数为2的多项式拟合
disp('二阶拟合函数:'),f2 = poly2str(p2,'v')
v1 = [20:1:140]/3.6;
y1 = polyval(p2,v1);
wch = abs(y – polyval(p2,v))./y    %在拟合点每一点的误差
pjwch = mean(wch)                 %求平均误差(此处求的是算数平均值)
minwch = min(wch)                 %最小误差
maxwch = max(wch)                 %最大误差
plot(v,y,'rp',v1,y1)
legend('拟合点','二次拟合','Location','NorthWest')
```

运行文件得到结果如下:

```
二阶拟合函数:
f2 =
    0.085089 v^2 + 0.66171 v – 0.1
wch =
    0.0458   0.0024   0.0287   0.0083   0.0064   0.0127   0.0053
pjwch =
    0.0157
minwch =
    0.0024
maxwch =
    0.0458
```

刹车距离与车速的拟合曲线如图6-2所示.

结果分析：由平均误差、最大误差、最小误差及图形可以看出,拟合效果较好,拟合结

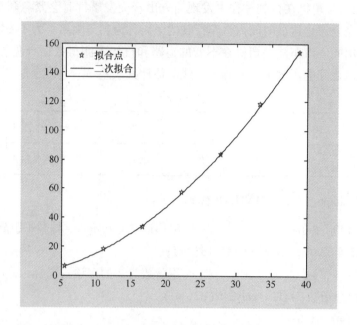

图 6-2   刹车距离与车速拟合曲线

果 $f_2 = 0.085089v^2 + 0.66171v - 0.1$ 可以作为估测刹车距离与车速之间的一个函数关系.

6.1.5   多项式插值

在实际中通常得到的数据是离散的，如果想得到这些点之外其他点的数据，就要根据这些已知的数据进行估算，即插值. 插值的任务是根据已知点的信息构造一个近似的函数. 最简单的插值法是多项式插值，插值和拟合有相同的地方，都是要寻找一条"光滑"的曲线将已知的数据点连贯起来，其不同之处是：拟合点曲线不要求一定通过数据点，而插值的曲线要求必须通过数据点.

1．一维多项式插值

一维插值是进行数据分析的重要手段，MATLAB 提供了 interp1 函数进行一维多项式插值. interp1 函数使用多项式技术，用多项式函数通过所提供的数据点，并计算目标插值点上的插值函数值，其调用格式如下.

● yi = interp1(x,y,xi,method)：对已知的同维数据点 x 和 y，运用 method 指定的插值方法构造插值函数，并计算插值点 xi 处的数值 yi. 当输入的 x 是等间距时，可在插值方法 method 前加一个 ∗，以提高处理速度.

其中，method 指定的插值方法主要有 4 种，如下：

● nearest：最近点插值，通过四舍五入取与已知数据点最近的值.

● linear：线性插值，用直线连接数据点，插值点的值取对应直线上的值.

● spline：样条插值，用三次样条曲线通过数据点，插值点的值取对应曲线上的值.

● cubic：立方插值，用三次曲线通过数据点，插值点的值取对应曲线上的值.

这几种插值方法在速度、平滑性和内存使用方面有所区别，在使用时可以根据实际需要进行选择.

【例 6-16】　用以上 4 种方法对 $y = \cos x$ 在 $[0,6]$ 上的一维插值效果进行比较.

建立 M 文件 chap6_16. m，MATLAB 代码如下：

```
x = 0:6;                      % 数据点
y = cos(x);
xi = 0:.25:6;                 % xi 为插值点，在两个数据点之间插入 3 个点
yi1 = interp1(x,y,xi,'*nearest');  % 注意：插值方法写在单引号内，等间距时可在前加*
yi2 = interp1(x,y,xi,'*linear');
yi3 = interp1(x,y,xi,'*spline');
yi4 = interp1(x,y,xi,'*cubic');
plot(x,y,'ro',xi,yi1,'--',xi,yi2,'-',xi,yi3,'k.-',xi,yi4,'m:')
legend('原始数据','最近点插值','线性插值','样条插值','立方插值')
```

运行结果如图 6-3 所示.

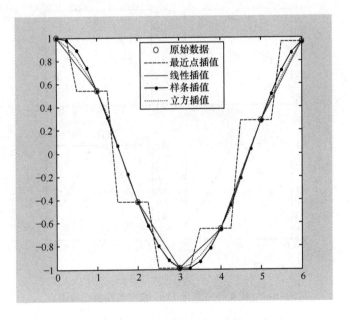

图 6-3　一维插值效果比较

从图 6-3 可以看出，在本例中，样条插值效果最好，之后是立方插值、线性插值，效果最差点是最近点插值.

【例 6-17】　用以上 4 种方法对函数 $y = \dfrac{1}{x^2 + 2}(-2 \leqslant x \leqslant 2)$ 选用 11 个数据点进行插值并画图比较结果.

建立 M 文件 chap6_17. m，MATLAB 代码如下：

```
x = linspace( -2,2,11);            %选取等间距的11个数据点
y = 1. /(2 + x. ^2);
xi = -2:0.1:2;
yi1 = interp1(x,y,xi,'*nearest');   %等间距时可在前加*
yi2 = interp1(x,y,xi,'linear');
yi3 = interp1(x,y,xi,'spline');
yi4 = interp1(x,y,xi,'cubic');
subplot(2,2,1),plot(x,y,'rp',xi,yi1),title('nearest')
subplot(2,2,2),plot(x,y,'rp',xi,yi2),title('linear')
subplot(2,2,3),plot(x,y,'rp',xi,yi3),title('spline')
subplot(2,2,4),plot(x,y,'rp',xi,yi4),title('cubic')
```

运行结果如图 6-4 所示.

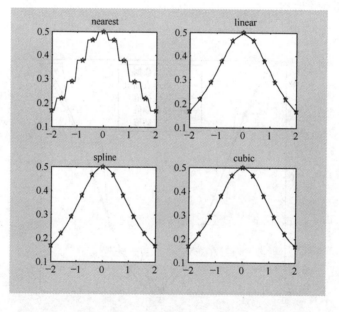

图6-4 用4种方法选11个数据点插值比较图

2. 二维多项式插值

二维多项式插值是对曲面进行插值，主要用于图像处理与数据的可视化，其命令格式如下.

● Zi = interp2(X,Y,Z,Xi,Yi,method)：对已知的同维数据点 X，Y 和 Z，运用 method 指定的方法构造插值函数，并计算自变量在插值点（Xi,Yi）处的函数值 Zi. method 指定的方法同一维多项式插值.

【例 6-18】 测得某金属板表面 4×5 个网格点的温度如表 6-3 所示，使用 4 种插值方法绘制铁板表面温度的分布曲面.

表 6-3 例 6-18 数据表

4×5 个网格点数据				
35	33	31	34	37
28	32	35	36	39
30	31	38	36	34
36	38	40	37	33

建立 M 文件 chap6_18. m，MATLAB 代码如下：

```
x = 1:5; y = 1:4;
[X,Y] = meshgrid(x,y);
Z = [35,33,31,34,37;28,32,35,36,39;30,31,38,36,34;36,38,40,37,33];  % 数据点
figure(1),stem3(X,Y,Z),title('数据点')    % 在图形窗口 1 绘制数据点三维火柴棍图
xi = 1:0.1:5; yi = 1:0.1:4;
[Xi,Yi] = meshgrid(xi,yi);                 % 确定插值点
Zi1 = interp2(X,Y,Z,Xi,Yi,'*nearest');
Zi2 = interp2(X,Y,Z,Xi,Yi,'*linear');
Zi3 = interp2(X,Y,Z,Xi,Yi,'*spline');
Zi4 = interp2(X,Y,Z,Xi,Yi,'*cubic');
figure(2)                                  % 在图形窗口 2 绘制 4 种方法得到的图形
subplot(2,2,1),mesh(Xi,Yi,Zi1),title('最近点插值')
subplot(2,2,2),mesh(Xi,Yi,Zi2),title('线性插值')
subplot(2,2,3),mesh(Xi,Yi,Zi3),title('样条插值')
subplot(2,2,4),mesh(Xi,Yi,Zi4),title('立方插值')
```

运行以上程序在图形窗口 1 得到原始数据点图形，如图 6-5 所示.

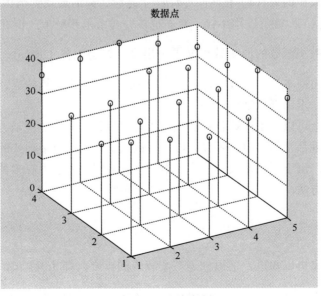

图 6-5 原始数据点

图形窗口 2 中是使用 4 种方法得到的 4 个子图形，如图 6-6 所示.

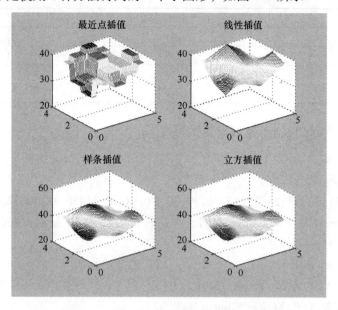

图 6-6   用 4 种方法得到的二维插值图形

从图 6-6 中可以看到，样条插值法和立方插值法所得图形效果较好，这两种方法是广泛应用的方法，其他两种效果不佳，实际较少应用.

6.2   数值积分

数值积分

在许多实际问题中，常常需要计算定积分 $I = \int_a^b f(x)\,dx$ 的值. 根据微积分基本定理，若被积函数 $f(x)$ 在区间 $[a,b]$ 上连续，只需要找到被积函数的一个原函数 $F(x)$，就可以用牛顿 – 莱布尼茨公式求出积分值. 但在工程技术与科学实验中，有些定积分被积函数的原函数可能求不出来，如定积分 $\int_0^1 e^{-x^2}\,dx$ 和 $\int_0^1 \dfrac{\sin x}{x}\,dx$，因为它们的原函数无法由基本初等函数经过有限次四则运算及复合运算构成，计算这种类型的定积分只能用数值方法求出近似结果.

数值积分原则上可以用于计算各种被积函数的定积分，无论被积函数是解析形式还是数表形式，其基本原理都是用多项式函数近似代替被积函数，用对多项式的积分结果近似代替对被积函数的积分. 由于所选多项式形式的不同，数值积分方法也有多种. 下面将介绍最常用的几种数值积分方法.

6.2.1   矩形法

由定积分的定义可以知道，定积分是一个和式的极限，即 $\int_a^b f(x)\,dx = \lim\limits_{\lambda \to 0} \sum\limits_{i=1}^{n} f(\xi_i)\,\Delta x_i$.

取 $f(x) = x^2$，积分区间为 $[0,1]$，将积分区间等距划分为 20 个子区间，每个子区间长度

为 $h = \dfrac{1}{20}$，命令如下：

```
>> x = linspace(0,1,21);
>> h = 1/20;
```

选取每个子区间的端点，并计算端点处的函数值，命令如下：

```
>> y = x.^2;
```

取区间的左端点乘以区间长度，全部加起来，命令如下：

```
>> y1 = y(1:20);
>> s1 = sum(y1) * h
```

运行结果为：

```
s1 =
    0.3087
```

s_1 可做为 $\int_0^1 x^2 \mathrm{d}x$ 的近似值，这种计算定积分的方法称为"左矩形法"。

若选取右端点，命令如下：

```
>> y2 = y(2:21);
>> s2 = sum(y2) * h
```

运行结果为：

```
s2 =
    0.3587
```

s_2 也可作为 $\int_0^1 x^2 \mathrm{d}x$ 的近似值，这种计算定积分的方法称为"右矩形法"。下面绘制矩形法对应图形，命令如下：

```
plot(x,y); hold on
for i = 1:20
    fill([x(i),x(i+1),x(i+1),x(i),x(i)],[0,0,y(i),y(i),0],'b')   %填充矩形区域
end
```

运行结果如图 6-7 所示。

如果选取右端点绘制图形，MATLAB 命令如下：

```
for i = 1:20
    fill([x(i),x(i+1),x(i+1),x(i),x(i)],[0,0,y(i+1),y(i+1),0],'b')
    hold on
end
plot(x,y,'y')
```

运行结果如图 6-8 所示.

计算定积分 $\int_0^1 x^2 \mathrm{d}x$ 的精确值, 命令如下:

```
>> syms x
>> int('x^2',0,1)        %计算 x^2 在区间[0,1]上的定积分
```

运行结果为:

```
ans =
   1/3
```

可以发现, 矩形法有误差, 随着插入分点个数 n 的增多, 误差应越来越小.

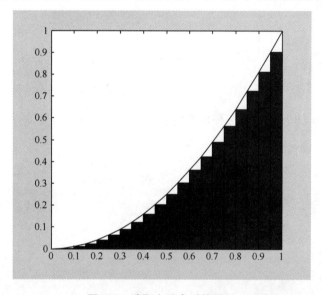

图 6-7　选取左端点时的图形

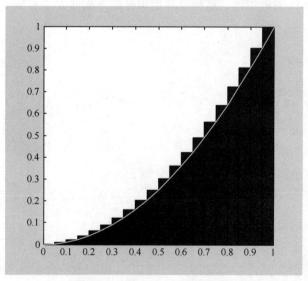

图 6-8　选取右端点时的图形

【例 6-19】 利用矩形法计算定积分 $\int_0^\pi \sin x \mathrm{d}x$，并与精确值 2 比较.

建立 M 文件 chap6_19. m，MATLAB 代码如下：

```
h = 0.01;                    %子区间长度
x = 0:h:pi;
y = sin(x);
n = length(x);
format long
jf1 = sum(y(1:(n-1))) * h    %左矩形法
jf2 = sum(y(2:n)) * h        %右矩形法
u1 = jf1 - 2, u2 = jf2 - 2   %与精确值 2 比较
```

运行结果为：

```
jf1 =
    1.99997410177908
jf2 =
    1.99999002830825
u1 =
    -2.589822091825234e-005
u2 =
    -9.971691753429823e-006
```

6.2.2 数值积分函数

MATLAB 中提供了若干个函数，用于计算数值积分，调用格式如下.

• trapz(x,y)：利用梯形法计算数值积分，其中 x，y 为同长度的数组，输出 y 对 x 的积分. 对由离散数值形式给出的 x，y 做积分，用此命令.

• quad(fun,a,b,tol)：用辛普森法则计算 fun 函数在 a、b 之间的定积分，tol 用来控制积分精度，若省略，则取默认值 $tol = 10^{-6}$.

• quad2d(fun,a,b,c,d)：计算 z = fun(x,y) 在平面区域 $a \leqslant x \leqslant b$ 和 $c(x) \leqslant y \leqslant d(x)$ 上的二重积分，其中 c、d 可以是一个数，也可以是一个函数句柄.

• integral(fun,xmin,xmax)：对一元函数 y = fun(x)，计算区间 $xmin \leqslant x \leqslant xmax$ 的数值积分.

• integral2(fun,xmin,xmax,ymin,ymax)：对二元函数 z = fun(x,y)，计算平面区域 $xmin \leqslant x \leqslant xmax$ 和 $ymin \leqslant y \leqslant ymax$ 上的二重积分.

• integral3(fun,xmin,xmax,ymin,ymax,zmin,zmax)：对三元函数 u = fun(x,y,z)，计算空间区域 $xmin \leqslant x \leqslant xmax$，$ymin \leqslant y \leqslant ymax$，$zmin \leqslant z \leqslant zmax$ 上的三重积分.

上述调用格式中 fun 为函数句柄. 在 MATLAB 中通过在函数名称前添加一个 @ 符号来为函数创建句柄. 例如，如果有一个名为 myfunction 的函数，可按如下格式创建一个名为 f 的句柄.

• f = @ myfunction ：创建函数 myfunction 的句柄.

MATLAB 还可以创建指向匿名函数的句柄. 匿名函数是基于单行表达式的 MATLAB 函数，不需要程序文件. 构造指向匿名函数的句柄，调用格式如下.

• h = @ (arglist) anonymous_function：创建以 anonymous_ function 为函数主体的匿名函数的句柄. 其中，arglist 是以逗号分隔的匿名函数输入参数列表.

【例 6-20】 用多种方法计算定积分 $\int_0^1 \frac{4}{1+x^2}\mathrm{d}x$，并与精确值 π 比较.

建立 M 文件 chap6_20. m，MATLAB 代码如下：

```
clear all
h = 0. 01 ; x = 0:h:1 ;
y = 4. /(1 + x. ^2) ;
n = length( x) ;
format long
fun = @ ( x) 4. /(1 + x. ^2) ;          % 创建匿名函数 4. /(1 + x. ^2) 的句柄
jf1 = sum( y(1:(n - 1))) * h ;          % 左矩形法
jf2 = sum( y(2:n)) * h ;                % 右矩形法
jf3 = trapz( x,y) ;                     % 复合梯形法
jf4 = quad( fun,0,1) ;                  % 复合辛普森公式
jf5 = integral( fun,0,1) ;              % 通用数值积分函数
[ jf1 ,jf2 ,jf3 ,jf4 ,jf5]               % 输出多种积分值
[ jf1 - pi ,jf2 - pi ,jf3 - pi ,jf4 - pi ,jf5 - pi]   % 输出误差
```

运行结果为：

```
ans =
  Columns 1 through 3
  3. 15157598692313    3. 13157598692313       3. 14157598692313
  Columns 4 through 5
  3. 14159268292457    3. 141592653589793
ans =
  Columns 1 through 3
  0. 00998333333334    - 0. 01001666666666    - 0. 00001666666666
  Columns 4 through 5
  0. 00000002933477    0
```

由实验可知，矩形法和复合梯形法的计算误差将随着步长的减小而减小，复合辛普森公式的计算误差将自动满足 10^{-6} 的要求，通用数值积分函数 integral 的精度最高.

【例 6-21】 设区域 $D:\begin{cases} 0 \leqslant x \leqslant 1 \\ x^2 \leqslant y \leqslant \sqrt{x} \end{cases}$，试计算二重积分 $I = \iint\limits_{D} (x^2 + y)\mathrm{d}x\mathrm{d}y$.

建立 M 文件 chap6_21. m，MATLAB 代码如下：

```
fun = @ (x,y)x.^2 + y;                    %建立函数句柄 fun
xmin = 0;xmax = 1;
ymin = @ (x)x.^2;
ymax = @ (x)sqrt(x);
format long
I1 = quad2d(fun,xmin,xmax,ymin,ymax);     %方法 1:利用 quad2d 函数
I2 = integral2(fun,xmin,xmax,ymin,ymax);  %方法 2:利用 integral2 函数
[I1,I2]                                    %结果输出
```

运行结果为:

```
ans =
    0.2357    0.2357
```

【例 6-22】 设区域 Ω: $\begin{cases} 0 \leqslant x \leqslant 1 \\ 0 \leqslant y \leqslant x \\ 0 \leqslant z \leqslant xy \end{cases}$,试计算三重积分 $I = \iiint\limits_{\Omega} xy^2 z^3 \mathrm{d}x\mathrm{d}y\mathrm{d}z$.

建立 M 文件 chap6_22.m,MATLAB 代码如下:

```
fun = @ (x,y,z)x.*y.^2.*z.^3;
xmin = 0; xmax = 1; ymin = 0; zmin = 0;
ymax = @ (x)x;
zmax = @ (x,y)x.*y;
I = integral3(fun,xmin,xmax,ymin,ymax,zmin,zmax)
```

运行结果为:

```
I =
    0.0027
```

6.3 极值计算

极值运算

MATLAB 中提供了 fminbnd 函数用于求函数极小值,其调用格式如下.

• x = fminbnd(fun,x1,x2):返回函数 fun 在区间(x1,x2)上的极小值点 x,其中 fun 为函数句柄.

• [x,fval] = fminbnd(fun,x1,x2):返回函数 fun 在区间(x1,x2)上的极小值点 x 与对应的极小值 fval.

【例 6-23】 求函数 $y = \sin x$ 在 $0 < x < 2\pi$ 范围内的极小值点.

```
>> fun = @ sin;
>> x1 = 0;x2 = 2 * pi;
>> x = fminbnd(fun,x1,x2)
x =
    4.7124
```

为了显示精度,此值与正确值 $x = 3\pi/2$ 相同.

```
>> 3 * pi/2
ans =
    4.7124
```

【例6-24】 求函数 $y = x + \sqrt{1-x}$ 的极值.

分析：为了能较容易地找出极值点，先画出该函数的曲线图，MATLAB命令如下：

```
>> ezplot('x + sqrt(1 - x)')
```

运行结果如图6-9所示.

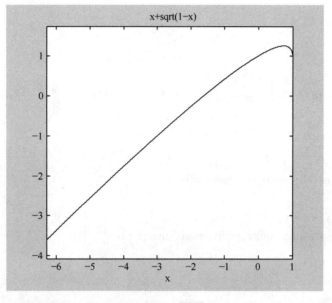

图6-9 $y = x + \sqrt{1-x}$的图形

从图6-9可以看出，函数有极大值，位于区间$(0,1)$，由于fminbnd是求极小值点的，因此须将函数反号. MATLAB命令为：

```
>> fun = @ (x) - x - sqrt(1 - x);          % 将函数反号
>> x1 = 0; x2 = 1;
>> [x, fval] = fminbnd(fun, x1, x2)
x =
    0.7500
fval =
    -1.2500
```

由结果可知，函数 $y = x + \sqrt{1-x}$ 的极大值点为 $x = 0.75$，对应的极大值为 $y = 1.25$.

6.4 常微分方程的数值解法

微分方程的解是一个符合方程的函数. 只有少数简单的微分方程可以求得解析解. 在无法求得解析解时，可以利用数值分析的方法找到其数值解.

形如

$$\begin{cases} y^{(n)} = f(x, y, y', \cdots y^{(n-1)}) \\ y(x_0) = y_0, y'(x_0) = y_0', \cdots, y^{(n-1)}(x_0) = y_0^{(n-1)} \end{cases}$$

的问题，称为常微分方程的初值问题. 所谓数值解法，就是求解 $y(x)$ 在给定节点 $x_0 < x_1 <$ $\cdots < x_m$ 处的近似解 $y_0, y_1, \cdots, y_m$ 的方法，求得的 $y_0, y_1, \cdots, y_m$ 称为常微分方程初值问题的数值解. 另外，在求解常微分方程组时，经常出现解的分量数量级差别很大的情形，这给数值求解带来了很大困难，这种问题称为刚性问题. 对于刚性方程组，为了保持解法的稳定，步长大小的选取是很困难的.

6.4.1 一阶常微分方程的求解

求一阶常微分方程 $\begin{cases} y' = f(x, y) \\ y(x_0) = y_0 \end{cases}$ 的数值解有很多方法，MATLAB 提供了一系列函数：ode45、ode23、ode113、ode15s、ode23s、ode23t、ode23tb、ode15i，调用格式如下.

• $[t, y] = \mathrm{ode45}(\mathrm{odefun}, \mathrm{tspan}, y0, \mathrm{options})$：采用 4~5 阶龙格 – 库塔法求解，属于单步算法，精度中等，适用于非刚性方程，这是最常用的一种方法.

• $[t, y] = \mathrm{ode23}(\mathrm{odefun}, \mathrm{tspan}, y0, \mathrm{options})$：采用 2~3 阶龙格 – 库塔法求解，属于单步算法，精度低，适用于非刚性方程.

• $[t, y] = \mathrm{ode113}(\mathrm{odefun}, \mathrm{tspan}, y0, \mathrm{options})$：采用可变阶的 Adams PECE 算法求解，属于多步算法，精度从低到高，适用于非刚性方程.

• $[t, y] = \mathrm{ode15s}(\mathrm{odefun}, \mathrm{tspan}, y0, \mathrm{options})$：采用可变阶的数值微分公式算法（NDFs），属于多步算法，精度在低至中之间，适用于刚性方程.

• $[t, y] = \mathrm{ode23s}(\mathrm{odefun}, \mathrm{tspan}, y0, \mathrm{options})$：采用基于改进的二阶 Rosenbroc 公式，属于单步算法，精度低，适用于刚性方程.

• $[t, y] = \mathrm{ode23t}(\mathrm{odefun}, \mathrm{tspan}, y0, \mathrm{options})$：采用自由插值的梯形规则，精度低，适用于轻微刚性方程.

• $[t, y] = \mathrm{ode23tb}(\mathrm{odefun}, \mathrm{tspan}, y0, \mathrm{options})$：采用 TR – BDF2 方法，即龙格 – 库塔法的第一步采用梯形规则，第二步采用二阶向后差分公式，精度低，适用于刚性方程.

• $[t, y] = \mathrm{ode15i}(\mathrm{odefun}, \mathrm{tspan}, y0, \mathrm{yp0}, \mathrm{options})$：采用可变阶的向后差分公式算法（BDFs），精度低，适用于隐式微分方程 $\mathrm{f}(t, y, y') = 0$.

上述调用格式中，odefun 是一个函数句柄，代表求解的方程（组）. tspan 可以是两个元素的向量，也可以是多个元素的向量，用于指定积分区间. y0 是与 y 具有相同长度的列向量，用于指定初始值. options 是一个可选参数，用于设定微分方程求解函数的参数.

【例 6-25】 考虑初值问题：

$$y' = y\tan x + \sec x, 0 \leqslant x \leqslant 1, y\big|_{x=0} = \frac{\pi}{2}$$

试求其数值解，并与精确解相比较，精确解为 $y(x) = \dfrac{x + \dfrac{\pi}{2}}{\cos x}$.

建立 M 文件 chap6_25. m，MATLAB 代码如下：

```
odefun = @ (x,y)y * tan(x) + sec(x);          % 建立函数句柄
[x,y] = ode23(odefun,[0,1],pi/2);              % 利用 ode23 求数值解
yy = (x + pi/2)./cos(x);                        % 求精确解
plot(x,y,' - ',x,yy,' o ')
legend('数值解','精确解',' Location ',' North ')
[x,y,yy]
```

运行结果为：

```
ans =
         0    1.5708    1.5708
    0.1000    1.6792    1.6792
    0.2000    1.8068    1.8068
    0.3000    1.9583    1.9583
    0.4000    2.1397    2.1397
    0.5000    2.3596    2.3597
    0.6000    2.6301    2.6302
    0.7000    2.9689    2.9690
    0.8000    3.4027    3.4029
    0.9000    3.9745    3.9748
    1.0000    4.7573    4.7581
```

数值解与精确解的比较图如图 6-10 所示.

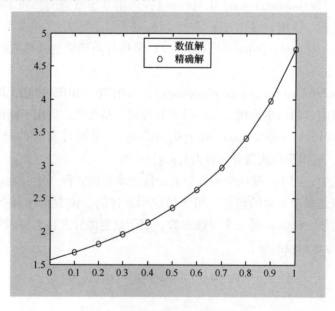

图 6-10　数值解与精确解的比较图

【例6-26】 求一阶常微分方程

$$\begin{cases} y' = \dfrac{2}{5}\,\dfrac{x}{y^3}, \\ y(0) = 1, \end{cases}$$

在区间 $[0,1]$ 内的数值解.

```
>> odefun = @(x,y)2/5 * x/y^3;        % 建立函数句柄
>> [x,y] = ode45(odefun,[0,1],1);      % 利用 ode45 求数值解
>> plot(x,y,'o-')                       % 作图
```

运行结果如图 6-11 所示.

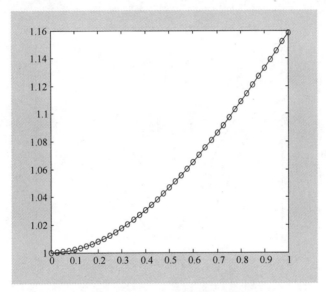

图 6-11 利用 ode45 求数值解结果图

6.4.2 一阶常微分方程组的求解

对于形如

$$\begin{pmatrix} y'_1 \\ y'_2 \\ \vdots \\ y'_n \end{pmatrix} = \begin{pmatrix} f_1(y_1,y_2,\cdots,y_n,x) \\ f_2(y_1,y_2,\cdots,y_n,x) \\ \vdots \\ f_n(y_1,y_2,\cdots,y_n,x) \end{pmatrix}$$

的一阶常微分方程组，要将 $(y'_1,y'_2,\cdots,y'_n)$ 写成 n 个元素的列向量.

【例6-27】 微分方程组

$$\begin{cases} y'_1 = -2y_1 + y_2 + 2\sin x, \\ y'_2 = 10y_1 - 9y_2 + 9(\cos x - \sin x), \end{cases}$$

的初始条件为 $\begin{cases} y_1(0) = 2, \\ y_2(0) = 3 \end{cases}$，求其在区间 $[0,10]$ 内的数值解.

首先建立函数文件如下:

```
function dy = myfun524( x,y)
dy(1,1) = -2*y(1) +y(2) +2*sin(x);
dy(2,1) =10*y(1) -9*y(2) +9*(cos(x) -sin(x)); %将y1',y2'组合成列向量
```

在命令行窗口输入如下命令:

```
>>[x,y] = ode45(@myfun524,[0,10],[2,3]);
>> plot(x,y)
```

运行结果如图 6-12 所示.

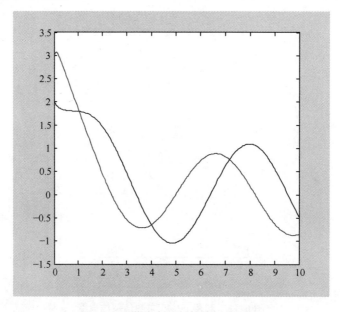

图 6-12　微分方程组数值解结果图

6.4.3　高阶微分方程的求解

对于形如

$$\begin{cases} f(y,y',y'',\cdots,y^{(n)},x) = 0, \\ y(0) = y_0,y'(0) = y_0',\cdots,y^{(n-1)}(0) = y_0^{(n-1)} \end{cases}$$

的高阶微分方程的初值问题,首先运用变量替换:$y_1 = y,y_2 = y',\cdots,y_n = y^{(n-1)}$,把高阶微分方程转换为一阶微分方程组:

$$\begin{pmatrix} y_1' \\ y_2' \\ \vdots \\ y_n' \end{pmatrix} = \begin{pmatrix} f_1(y_1,y_2,\cdots,y_n,x) \\ f_2(y_1,y_2,\cdots,y_n,x) \\ \vdots \\ f_n(y_1,y_2,\cdots,y_n,x) \end{pmatrix}, 初始条件:\begin{pmatrix} y_1(0) \\ y_2(0) \\ \vdots \\ y_n(0) \end{pmatrix} = \begin{pmatrix} y_0 \\ y_0' \\ \vdots \\ y_0^{(n-1)} \end{pmatrix},$$

再按一阶微分方程组进行求解.

【例6-28】 用数值法解微分方程：$y'' + y = 1 - \dfrac{x^2}{2\pi}$，$0 \leqslant x \leqslant 3\pi$，初始条件$y|_{x=0} = 0$，$y'|_{x=0} = 0$.

先将高阶微分方程转换为一阶微分方程组. 令 $y_1 = y, y_2 = y' \Rightarrow y_1' = y_2, y'' = y_2'$，即原微分方程转换为：

$$\begin{cases} y_1' = y_2, \\ y_2' = -y_1 + 1 - \dfrac{x^2}{2\pi}, \end{cases} \quad \begin{cases} y_1(0) = 0, \\ y_2(0) = 0. \end{cases}$$

建立函数文件如下：

```
function dy = myfun525(x,y)
dy = [y(2); -y(1) + 1 - x^2/(2*pi)];        % 将 y1',y2'组合成列向量
```

建立 M 文件 chap6_28.m，MATLAB 代码如下：

```
[x,y] = ode23(@myfun525,[0,3*pi],[0,0]);
%[x,y]中求出的 y 是按列排列，第一列为 y1(即 y 的值)，第二列为 y2(即 y'的值).
plot(x,y(:,1),'-o',x,y(:,2),'-*')
legend('y 的图形','y''的图形')
```

运行结果如图 6-13 所示.

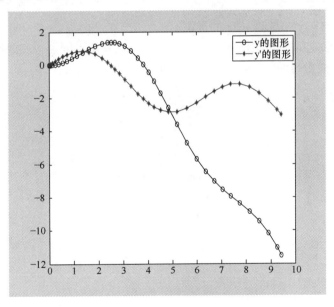

图 6-13 高阶微分方程数值解结果图

习 题 6

1. 在 MATLAB 中，正确表示多项式 $6x^5 - 3x^4 + x^2 + 3$ 的向量是（　　　）.

（A）$[6\ -3\ 1\ 3]$　　（B）$[6\ -3\ 0\ 1\ 3]$　　（C）$[6\ -3\ 0\ 1\ 0\ 3]$　　（D）$[6\ 3\ 1\ 3]$

2. 求多项式导数的函数是（　　）.

（A）poly　　　　　（B）polyder　　　　（C）polyint　　　　（D）polyfit

3. 在 MATLAB 中，用于求函数极值的函数是（　　）.

（A）fmaxbnd　　　（B）fminbnd　　　　（C）max　　　　　　（D）min

4. 求多项式方程 $x^3 - 7x^2 + 2x + 40 = 0$ 的根的命令是＿＿＿＿＿＿＿＿.

5. 求多项式 $x^3 + 2x + 3$ 在 $x = 1,2,4$ 处的值的命令是＿＿＿＿＿＿＿.

6. 在某次实验中，得到以下数据，分别用一次、三次、五次多项式拟合曲线来拟合这组数据并画出图形.

x	0.10	0.30	0.40	0.55	0.70	0.80	0.95	0.96	1
y	15	18	19	21	22.6	23.8	26	27	29.5

7. 在一天 24h 内，从零点开始每隔 2h 测得的环境温度数据如下表所示，请推测上午 9 点的温度，并绘制 24h 温度曲线图.

时间/h	0	2	4	6	8	10	12	14	16	18	20	22	24
温度/℃	12	10	10	11	19	25	29	28	26	21	19	16	13

8. 用多种数值方法计算定积分 $\int_0^{\frac{\pi}{4}} \dfrac{1}{1 - \sin x}\mathrm{d}x$ ，并与精确值 $\sqrt{2}$ 进行比较.

9. 求函数 $f(x) = x^3 - 4x^2 - 3x$ 的极值.

10. 用数值方法求解微分方程 $y'' - y' + y = 3\cos t$ ，并用不同颜色和线形将 y 和 y' 画在同一个图形窗口中. 初始时间：$t_0 = 0$ ；终止时间：$t_f = 2\pi$ ；初始条件：$y|_{t=0} = 0$ ，$y'|_{t=0} = 0$.

应用拓展_ 数值积分函数

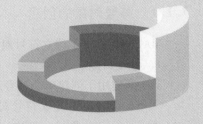

第 7 章

MATLAB 的符号运算

　　符号运算是指在解数学表达式或方程时,根据一系列恒等式和数学定理,通过推理和演绎,获得解析结果. 这种计算建立在数值表达准确和推理严格解析的基础上,因此所得结果是完全准确的.

　　MATLAB 提供了大量符号运算函数,涵盖了矩阵分析、多项式函数、级数、微积分、积分变换、微分方程和代数方程的求解等方面. 本章主要介绍如何进行符号运算.

7.1 符号对象

在 MATLAB 中进行符号运算时，首先要创建符号对象.

符号运算_极限_导数_
积分_微分方程

7.1.1 符号对象的创建

MATLAB 提供了建立符号对象的两个函数 sym 和 syms，下面分别介绍.

1. sym 函数

sym 函数用于创建单个符号对象，其调用格式如下.

- S = sym(A)：定义符号对象 S. 其中，A 可以是常量、变量、函数或表达式.
- S = sym(A, flag)：其中，flag 参数可选择 d、f、e 或 r，默认值为 r. d 表示返回最接近的十进制数值；f 表示返回该符号值最接近的浮点值；e 表示返回最接近的带有机器浮点误差的有理值；r 表示返回该符号值最接近的有理表示，即用两个整数 p 和 q 构成的 p/q、p * q、10^q、pi/q、2^q 和 sqrt(p) 形式之一来表示.

【例 7-1】 利用 sym 函数创建符号对象.

```
>> a = sym('a');              %定义符号变量 a
>> b = sym('b');
>> x = sym('x');
>> y = a * x^2 + b * x + 1     %符号运算
y =
    a * x^2 + b * x + 1
>> whos
    Name      Size                    Bytes    Class
    a         1x1                      126     sym
    b         1x1                      126     sym
    x         1x1                      126     sym
    y         1x1                      146     sym
```

利用 sym 函数还可以定义符号常量. 使用符号常量进行代数运算时和数值常量进行的运算不同. 下面例题的代码演示了符号常量与数值常量在代数运算中的差异.

【例 7-2】 利用 sym 创建符号常量.

```
>> pi1 = sym('pi'); a1 = sym('6'); a2 = sym('3');    %定义符号常量
>> pi2 = pi; b1 = 6; b2 = 3;
>> sin(pi1/5)                                          %符号运算
ans =
    sin(1/5 * pi)
>> sin(pi2/5)                                          %数值运算
ans =
    0.5878
```

```
>> sqrt(a1 + exp(a2))                          % 符号运算
ans =
    (6 + exp(3))^(1/2)
>> sqrt(b1 + exp(b2))                           % 数值运算
ans =
    5.1074
```

可以看出，用符号常量进行计算更像在进行数学演算，所得到的结果是精确的数学表达式，而数值计算将结果近似为一个有限小数.

2. syms 函数

sym 函数一次只能定义一个符号变量，syms 函数一次可定义多个符号变量，其调用格式如下.

- syms var1 var2 … varN：同时定义多个符号变量，符号变量名之间用空格隔开.

【例 7-3】　利用 syms 创建符号变量.

```
>> syms   a b c                    % 一次定义三个符号变量 a、b、c
>> whos
    Name          Size                   Bytes   Class
    a             1x1                     126     sym
    b             1x1                     126     sym
    c             1x1                     126     sym
```

7.1.2　符号表达式的创建

含有符号对象的表达式称为符号表达式. 符号表达式或符号方程可以赋给符号变量，以方便调用；也可以不赋给符号变量，直接参与运算. 建立符号表达式有以下两种方法.

1）利用 sym 函数建立符号表达式.

2）使用已经定义的符号变量及其他类型的变量或常量进行运算可得符号表达式.

【例 7-4】　建立符号表达式.

```
>> f1 = sym('3 * sin(a) + sqrt(b) + sin(2)')   % 利用 sym 创建符号表达式
f1 =
    3 * sin(a) + sqrt(b) + sin(2)
>> f2 = sym('a * x^2 + b * x + c = 0')         % 利用 sym 创建符号方程
f2 =
    a * x^2 + b * x + c = 0
>> syms a b c x
>> f3 = a * x^2 + b * x + c                     % 利用符号变量 a、b、c、x 创建符号表达式
f3 =
    a * x^2 + b * x + c
```

163

7.1.3　符号表达式的运算

1. 符号表达式的四则运算

符号表达式的运算符和基本函数、数值计算中的几乎完全相同. 例如, 符号计算中的基本运算符包括算术运算符、关系运算符和逻辑运算符.

【例7-5】　运用符号表达式进行四则运算.

```
>> syms x
>> f = 3 * x^2 + 6 * x + 3;          %使用符号变量 x 创建符号表达式 f
>> g = x^2 + 2;
>> h1 = f + g                        %符号表达式加法
h1 =
    4 * x^2 + 6 * x + 5
>> h2 = f - g                        %符号表达式减法
h2 =
    2 * x^2 + 6 * x + 1
>> h3 = f * g                        %符号表达式乘法
h3 =
    (3 * x^2 + 6 * x + 3) * (x^2 + 2)
>> h4 = f/g                          %符号表达式右除
h4 =
    (3 * x^2 + 6 * x + 3)/(x^2 + 2)
>> h5 = f\g                          %符号表达式左除
h5 =
    (x^2 + 2)/(3 * x^2 + 6 * x + 3)
>> h6 = h1\h2 + h1 * h3 + h4/h5       %符号表达式的混合运算
h6 =
    (2 * x^2 + 6 * x + 1)/(4 * x^2 + 6 * x + 5) + (4 * x^2 + 6 * x + 5) * (3 * x^2 + 6 * x +
    3) * (x^2 + 2) + (3 * x^2 + 6 * x + 3)^2/(x^2 + 2)^2
```

2. 提取符号表达式分子与分母

如果符号表达式是一个有理分式或可以展开为有理分式, 可利用 numden 函数来提取符号表达式中的分子或分母, 其调用格式如下.

- [N,D] = numden(S): 该函数首先将符号表达式 S 转化为分子和分母互质的多项式, 然后提取分子和分母, 并分别赋值给 N 和 D.

【例7-6】　提取符号表达式分子与分母.

```
>> [n,d] = numden(sym(0.125))
n =
    1
d =
```

```
                8
>>syms x y
>>[n,d] = numden(x/y + y/x)        % 现将 x/y + y/x 通分,再提取分子与分母
n =
    x^2 + y^2
d =
    y * x
```

3. 符号表达式的因式分解与展开

MATLAB 提供了符号表达式的因式分解与展开的函数,其调用格式如下.

- F = factor(S):返回 S 的最简因子组成的向量 F,如果 S 是一个整数,则返回 S 的质因数.
- expand(S):将符号表达式 S 展开为多项式形式,有时也可以展开为三角函数、指数函数或对数函数形式.

【例 7-7】　符号表达式的因式分解.

```
>>F1 = factor(823429252)               % 返回整数的质因数
F1 =
     2          2          59         283          12329
>>F2 = factor(sym('823429925225632328'))  % 返回质因数组成的向量
F2 =
    [2, 2, 2, 251, 401, 18311, 5584781 ]
>>syms x y
>>F3 = factor(y^6 – x^6)                % 返回最简因子组成的向量
F3 =
    [ –1, x – y, x + y, x^2 + x * y + y^2, x^2 – x * y + y^2]
```

【例 7-8】　符号表达式的展开.

```
>>syms x y a b
>>p = (x – 2) * (x – 4);
>>expand(p)                            % 展开为多项式形式
ans =
    x^2 – 6 * x + 8
>>expand(cos(x + y))                   % 展开为多三角函数
ans =
    cos(x) * cos(y) – sin(x) * sin(y)
>>f = exp((a + b)^2);
>>expand(f)                            % 展开为多指数函数
ans =
    exp(a^2) * exp(a * b)^2 * exp(b^2)
```

4. 符号表达式的合并同类项

MATLAB 提供了符号表达式的合并同类项函数,其调用格式如下.

- collect(S):对符号表达式 S 按默认符号变量合并同类项.
- collect(S,expr):对符号表达式 S 按符号变量 expr 合并同类项.

【例 7-9】 符号表达式的展开.

```
>> syms x y
>> coeffs = collect(x^2 * y + y * x − x^2 − 2 * x)      % 按默认符号变量合并同类项
coeffs =
    (y − 1) * x^2 + (y − 2) * x
>> coeffs_x = collect(x^2 * y + y * x − x^2 − 2 * x,x)    % 按符号变量 x 合并同类项
coeffs_x =
    (y − 1) * x^2 + (y − 2) * x
>> coeffs_y = collect(x^2 * y + y * x − x^2 − 2 * x,y)    % 按符号变量 y 合并同类项
coeffs_y =
    (x^2 + x) * y − x^2 − 2 * x
```

5. 符号表达式的化简

在 MATLAB 中提供了 simplify 函数对符号表达式进行化简,其调用格式如下.

- simplify(S):应用函数规则对符号表达式 S 进行代数化简.

【例 7-10】 符号表达式的化简.

```
>> syms x a b c
>> S1 = simplify(sin(x)^2 + cos(x)^2)
S =
    1
>> S2 = simplify(exp(c * log(sqrt(a + b))))
S2 =
    (a + b)^(1/2 * c)
>> f = (x^2 + 5 * x + 6)/(x + 3);
>> S3 = simplify(f)
S3 =
    x + 2
```

7.1.4 符号对象转换为数值对象

一般情况下符号表达式计算的结果是 sym 类型,当我们需要数值解时,就要对运算结果进行类型转换. MATLAB 中提供了 double 函数和 single 函数,可以将 sym 类型的数据转换为数值型,调用格式如下.

- double(S):将符号常量 S 转换为双精度浮点数.
- single(S):将符号常量 S 转换为单精度浮点数.

【例 7-11】　建立符号矩阵，并转换为数值矩阵.

```
>> a = sym(3);b = sym(7);            % 建立符号常量 a, b
>> S = [sin(a),sqrt(b);a/b,exp(a)]   % 符号矩阵 S
S =
    [ sin(3), 7^(1/2)]
    [    3/7,   exp(3)]
>> double(S)                         % 将 S 转换为双精度浮点数矩阵
ans =
     0.1411    2.6458
     0.4286   20.0855
```

7.1.5　自由符号变量

在符号运算中，如果未指明自由变量，则用 MATLAB 默认的符号变量作为自由符号变量，默认的符号变量按下面的原则选择：

1）在符号表达式中首先选择 x 作为默认的符号变量；如果表达式中没有 x，则选择在字母顺序中最接近 x 的字符变量作为默认的符号变量；如果有两个与 x 距离相同的符号变量，则优先选择在 x 后面的字母作为默认的符号变量.

2）在函数中，第 1 个输入参数作为默认的符号变量.

3）小写字母"i、j、pi、inf、nan、eps"不能作为符号变量.

我们可以用 symvar 函数找出表达式或函数中所有的符号变量，也可以找出自由变量，具体调用格式如下.

- symvar(s)：以字母顺序显示符号表达式 s 中所有的符号变量.
- symvar(s,n)：以最接近 x 的字母顺序显示 n 个符号变量.

【例 7-12】　确定符号表达式中的自由符号变量.

```
>> syms a b c x t
>> f1 = a * x^2 + b * x + c;
>> f2 = a * t^2 + b * t + c;
>> symvar(f1)         % 显示 f1 中所有符号变量
ans =
    [a, b, c, x]
>> symvar(f1,1)       % 显示 f1 中自由符号变量
ans =
    x
>> symvar(f2,1)       % 显示 f2 中自由符号变量
ans =
    t
```

7.1.6　符号函数的创建

创建符号函数有两种方法：

1）先用 sym 或 syms 创建符号变量，再利用符号变量创建符号函数.

2）先用 syms 创建抽象符号函数，再用符号表达式具体化符号函数.

【例 7-13】　创建二元符号函数 $f(x,y) = x^2 y + xy^2 + e^{xy}$.

方法一：

```
>> syms x y
>> f(x,y) = x^2 * y + x * y^2 + exp(x * y)        %利用符号变量创建符号函数
f(x, y) =
    exp(x * y) + x * y^2 + x^2 * y
```

方法二：

```
>> syms f(x,y)                                    %创建抽象符号函数
>> f(x,y) = x^2 * y + x * y^2 + exp(x * y);       %用符号表达式具体化符号函数
```

7.2　符号微积分

微积分是工程领域经常遇到的问题，MATLAB 符号工具箱可以较好地解决符号微积分的问题，下面从符号极限、符号导数、符号积分等方面介绍 MATLAB 中符号微积分的常用函数.

7.2.1　符号极限

极限是微积分的基础，MATLAB 中求极限的函数是 limit，其调用格式如下.

- limit(f,var,a)：求符号变量 var 趋于常数 a 时的极限.
- limit(f,a)：求默认符号变量趋于常数 a 时的极限.
- limit(f)：求默认符号变量趋于 0 时的极限.
- limit(f,var,a,'left')：求符号变量 var 趋于常数 a 时的左极限.
- limit(f,var,a,'right')：求符号变量 var 趋于常数 a 时的右极限.

【例 7-14】　求极限 $\lim\limits_{x \to 0} \dfrac{\sin x}{x}$.

```
>> syms x;
>> f = sin(x)/x;
>> limit(f,x,0)
ans =
    1
```

上题为求默认符号变量 x 趋于 0 时的极限，故可以用省略形式，如下：

```
>> limit(f,0)                    % 省略默认变量 x
ans =
    1
>> limit(f)                      % 省略默认变量 x 和 0
ans =
    1
```

【例 7-15】　求极限 $\lim\limits_{h \to 0} \dfrac{\sin(x + h) - \sin x}{h}$.

```
>> syms x h;
>> f = (sin(x + h) - sin(x))/h;
>> limit(f,h,0)                  % h 不是默认符号变量, 不能省略
ans =
    cos(x)
```

【例 7-16】　求极限 $\lim\limits_{n \to \infty} \left(1 - \dfrac{1}{n}\right)^n$.

```
>> syms n;
>> f = (1 - 1/n)^n;
>> limit(f,n,inf)                % 无穷大用 inf 表示
ans =
    exp(-1)
```

【例 7-17】　验证极限 $\lim\limits_{x \to 0} \dfrac{1}{x}$ 不存在.

```
>> syms x
>> f = 1/x;
>> limit(f,x,0,'left')           % 求左极限
ans =
    -Inf
>> limit(f,x,0,'right')          % 求右极限
ans =
    Inf
```

由于左极限与右极限不相等, 故极限不存在. 此时若直接用 limit(f,var,a) 形式求极限, 则返回 NaN(not a number), 表示极限不存在, 如下:

```
>> limit(f,x,0)
ans =
    NaN
```

【例 7-18】　求极限 $\lim\limits_{x \to 0} \dfrac{1}{x} \sin \dfrac{1}{x}$.

先画图观察极限情况，建立 M 文件 chap7_18. m，MATLAB 代码如下：

```
lx = -0.01:0.00001:-0.0001;          %左侧区间[-0.01,-0.0001]
ly = 1. /lx. * sin(1. /lx);
rx = 0.01: -0.00001:0.0001;          %右侧区间[0.01,0.0001]
ry = 1. /rx. * sin(1. /rx);
plot(lx,ly,rx,ry)
```

运行结果如图 7-1 所示.

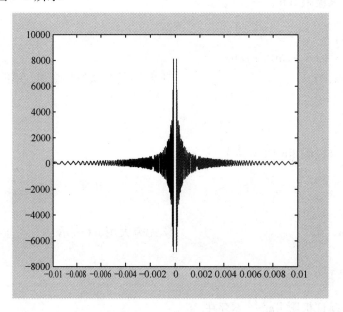

图 7-1 $\dfrac{1}{x}\sin\dfrac{1}{x}$ 的图形

从图 7-1 可以看出，在 x 趋于 0 的过程中，$\dfrac{1}{x}\sin\dfrac{1}{x}$ 的变化幅度越来越大（趋向无穷），故极限不存在. 用 MATLAB 命令求解如下：

```
>> syms x
>> f = 1/x * sin(1/x);
>> limit(f,x,0)
ans =
    NaN
```

7.2.2 符号导数

导数是微积分中重要的基础概念. MATLAB 中求符号表达式导数的函数是 diff，其调用格式如下.

- diff(f)：求 f 关于默认符号变量的一阶导数.
- diff(f,n)：求 f 关于默认符号变量的 n 阶导数.

- diff(f,var)：求 f 关于符号变量 var 的一阶导数.
- diff(f,var,n)：求 f 关于符号变量 var 的 n 阶导数.
- diff(f,var1,…,varN)：求 f 关于符号变量 var1，var2，…，varN 的一阶导数.

【例 7-19】　求函数 $y = \dfrac{x^2}{\sqrt[3]{x^2 - a^2}}$ 的导数.

```
>> syms x a
>> f = x^2/((x^2 - a^2)^(1/3));
>> diff(f,x,1)
ans =
    2 * x/(x^2 - a^2)^(1/3) - 2/3 * x^3/(x^2 - a^2)^(4/3)
```

上题为求默认符号变量 x 的一阶导数，故可以用省略形式，如下：

```
>> diff(f,x)          % 求一阶导数时，参数 1 可省略
ans =
    2 * x/(x^2 - a^2)^(1/3) - 2/3 * x^3/(x^2 - a^2)^(4/3)
>> diff(f,1)          % 默认变量 x 可省略
ans =
    2 * x/(x^2 - a^2)^(1/3) - 2/3 * x^3/(x^2 - a^2)^(4/3)
>> diff(f)            % 默认变量 x 和 1 都省略
ans =
    2 * x/(x^2 - a^2)^(1/3) - 2/3 * x^3/(x^2 - a^2)^(4/3)
```

1. 求参数方程所确定的函数的导数

设参数方程 $\begin{cases} x = \varphi(t) \\ y = \phi(t) \end{cases}$，确定变量 x 与 y 之间的函数关系，当 $\varphi'(t) \neq 0$ 时，有

$\dfrac{\mathrm{d}y}{\mathrm{d}x} = \dfrac{\phi'(t)}{\varphi'(t)}$.

【例 7-20】　设 $\begin{cases} x = t\sin t, \\ y = t(1 - \cos t) \end{cases}$ 求 $\dfrac{\mathrm{d}y}{\mathrm{d}x}$.

```
>> syms t
>> x = t * sin(t);
>> y = t * (1 - cos(t));
>> dydx = diff(y,t)/diff(x,t)
dydx =
    (1 - cos(t) + t * sin(t))/(sin(t) + t * cos(t))
```

2. 求高阶导数或高阶偏导数

【例 7-21】　已知 $y = \mathrm{e}^{2x^2}\sin(x + 3)$，求 y'，$y^{(4)}$.

```
>> syms x
>> y = exp(2 * x^2) * sin(x + 3);
>> d1 = diff(y)
d1 =
    4 * x * exp(2 * x^2) * sin(x + 3) + exp(2 * x^2) * cos(x + 3)
>> d4 = diff(y,4)          %求 y 关于默认变量 x 的 4 阶导数
d4 =
    25 * exp(2 * x^2) * sin(x + 3) + 288 * x^2 * exp(2 * x^2) * sin(x + 3) + 176 * x * exp
    (2 * x^2) * cos(x + 3) + 256 * x^4 * exp(2 * x^2) * sin(x + 3) + 256 * x^3 * exp(2 * x
    ^2) * cos(x + 3)
```

【例 7-22】 已知 $z = x^6 - 5x^3 y^5 + y^4$，求 $\dfrac{\partial^2 z}{\partial x^2}, \dfrac{\partial^2 z}{\partial y^2}, \dfrac{\partial^2 z}{\partial x \partial y}, \dfrac{\partial^2 z}{\partial y \partial x}$.

```
>> syms x y
>> z = x^6 - 5 * x^3 * y^5 + y^4;
>> dzdx2 = diff(z,x,2)          %求 z 对 x 的二阶偏导
dzdx2 =
    30 * x^4 - 30 * x * y^5
>> dzdy2 = diff(z,y,2)          %求 z 对 y 的二阶偏导
dzdy2 =
    -100 * x^3 * y^3 + 12 * y^2
>> dzdxy = diff(z,x,y)          %求 z 对 x, y 的二阶混合偏导
dzdxy =
    -75 * x^2 * y^4
>> dzdyx = diff(z,y,x)          %求 z 对 y, x 的二阶混合偏导
dzdyx =
    -75 * x^2 * y^4
```

通过结果比较，可以发现 $\dfrac{\partial^2 z}{\partial x \partial y} = \dfrac{\partial^2 z}{\partial y \partial x}$. 在求二阶混合偏导时，也可通过嵌套使用 diff 函数来实现，命令如下：

```
% 嵌套使用 diff, 先求 z 对 x 的一阶偏导, 计算结果再对 y 求一阶偏导
>> dzdxy = diff(diff(z,x),y)
dzdxy =
    -75 * x^2 * y^4
```

3. 求隐函数所确定函数的导数

设函数 $F(x,y)$ 在点 $P(x_0, y_0)$ 的某一邻域内具有连续偏导数，且 $F(x_0, y_0) = 0, F_y(x_0, y_0) \neq 0$，则方程 $F(x,y) = 0$ 在点 $P(x_0, y_0)$ 的某一邻域内能唯一确定一个连续且具有连续

导数的函数 $y = f(x)$，它满足条件 $y_0 = f(x_0)$，并有 $\dfrac{\mathrm{d}y}{\mathrm{d}x} = -\dfrac{F_x}{F_y}$.

【例 7-23】　设 $\sin y + \mathrm{e}^x - xy^2 = 0$，求 $\dfrac{\mathrm{d}y}{\mathrm{d}x}$.

```
>> syms x y
>> F = sin(y) + exp(x) - x * y^2;
>> dydx = - diff(F,x)/diff(F,y)
dydx =
    (- exp(x) + y^2)/(cos(y) - 2 * x * y)
```

4. 计算梯度

设函数 $u = f(x,y,z)$ 在空间区域 Ω 内具有一阶连续偏导数，则 $f(x,y,z)$ 在点 $P(x_0,y_0,z_0) \in \Omega$ 处的梯度为：$\operatorname{grad} f = f_x(x_0,y_0,z_0)\vec{i} + f_y(x_0,y_0,z_0)\vec{j} + f_z(x_0,y_0,z_0)\vec{k}$. 因此如果要计算梯度，只需要求出对应的偏导数即可.

【例 7-24】　设 $f(x,y,z) = 3x^2 + 2y^2 + z^2 - xy + 6x - 2y - z$，求 $f(x,y,z)$ 在点 $(0,0,0)$ 的梯度.

```
>> syms x y z
>> f = 3 * x^2 + 2 * y^2 + z^2 - x * y + 6 * x - 2 * y - z;
>> p = [diff(f,x),diff(f,y),diff(f,z)]        % 分别计算 f 对 x、y、z 的一阶偏导
p =
    [ 6 * x - y + 6,  4 * y - x - 2,   2 * z - 1]
>> x = 0;y = 0;z = 0;
>> p0 = [6 * x - y + 6,4 * y - x - 2,2 * z - 1]   % 计算点(0,0,0)的梯度
p0 =
     6        -2       -1
```

所以，$f(x,y,z)$ 在点 $(0,0,0)$ 的梯度 $\operatorname{grad} f(0,0,0) = (6,-2,-1)$. 在计算梯度时也可以利用 MATLAB 提供 jacobian 函数来计算 $f(x,y,z)$ 分别对 x,y,z 的一阶偏导，其调用格式如下.

- jacobian(f,[x,y,z])：求雅克比矩阵，此命令返回矩阵：(f_x,f_y,f_z).

- jacobian([f,g,h],[x,y,z])：求雅克比矩阵，此命令返回矩阵：$\begin{pmatrix} f_x & f_y & f_z \\ g_x & g_y & g_z \\ h_x & h_y & h_z \end{pmatrix}$.

例 7-24 中利用 jacobian 函数命令如下：

```
>> syms x y z
>> f = 3 * x^2 + 2 * y^2 + z^2 - x * y + 6 * x - 2 * y - z;
>> p = jacobian(f,[x,y,z])      % 利用 jacobian 函数计算 f 对 x、y、z 的一阶偏导
p =
    [ 6 * x - y + 6,  4 * y - x - 2,   2 * z - 1]
```

7.2.3 符号积分

前面已经介绍了数值积分的计算方法，MATLAB 还提供了符号积分函数 int，既可以求定积分，也可以求不定积分，其调用格式如下.

- int(expr)：返回被积函数为 expr，以默认符号变量为积分变量的不定积分.
- int(expr,var)：返回被积函数为 expr，以 var 为积分变量的不定积分.
- int(expr,a,b)：返回被积函数为 expr，默认符号变量为积分变量从 a 到 b 的定积分.
- int(expr,var,a,b)：返回被积函数为 expr，积分变量 var 从 a 到 b 的定积分.

【例 7-25】 求下列不定积分.

1) $\int x\ln(x+1)\,\mathrm{d}x$.　　　　2) $\int \dfrac{1}{\sin^2 x\,\cos^4 x}\mathrm{d}x$.

```
>>syms x
>>f1 = x * log(x + 1);
>>f2 = 1/(sin(x)^2 * cos(x)^4);
>>int(f1,x)
ans =
    1/2 * (x + 1)^2 * log(x + 1) - 1/4 * x^2 + 1/2 * x + 3/4 - (x + 1) * log(x + 1)
>>int(f2,x)
ans =
    1/3/sin(x)/cos(x)^3 + 4/3/sin(x)/cos(x) - 8/3/sin(x) * cos(x)
```

可以发现，用 int 函数求不定积分时，不自动添加积分常数 C.

【例 7-26】 计算定积分 $\int_1^2 \left(1 + x - \dfrac{1}{x}\right)\mathrm{e}^{x+\frac{1}{x}}\mathrm{d}x$.

```
>>syms x
>>f = (1 + x - 1/x) * exp(x + 1/x);
>>int(f,x,1,2)          %求符号定积分，返回结果为符号表达式
ans =
    2 * exp(5/2) - exp(2)
```

【例 7-27】 计算反常积分 $\int_2^4 \dfrac{x}{\sqrt{|x^2 - 9|}}\,\mathrm{d}x$.

```
>>syms x
>>f = x/sqrt(abs(x^2 - 9));
>>int(f,x,2,4)          %int 函数可用于计算反常积分，用法同求定积分
ans =
    7^(1/2) + 5^(1/2)
```

【例 7-28】 讨论反常积分 $\int_2^4 \dfrac{1}{(x-3)^3}\mathrm{d}x$ 敛散性.

```
>>syms x
>>f = 1/(x - 3)^3;
>>int(f,x,2,4)
ans =
    NaN
```

返回结果 NaN, 故反常积分 $\int_2^4 \dfrac{1}{(x-3)^3} dx$ 发散.

【例 7-29】　计算二重积分 $\iint\limits_{D} \dfrac{d\sigma}{\sqrt{x^2+y^2+2xy+16}}$, 其中积分区域 D 为 $0 \leqslant x \leqslant 1, 0 \leqslant y \leqslant 2$.

```
>>syms x y
>>f = 1/sqrt(x^2 + y^2 + 2 * x * y + 16);
>>int(int(f,x,0,1),y,0,2)        %嵌套使用 int 函数, 计算二次积分
ans =
    7 * log(2) - 9 - 2 * log(5^(1/2) + 1) + 2 * 5^(1/2) + 17^(1/2) - log(1 + 17^(1/2))
```

【例 7-30】　计算二重积分 $\iint\limits_{x^2+y^2 \leqslant 1} \cos(x^2+y^2) dxdy$.

先将二重积分转化为二次积分 $\iint\limits_{x^2+y^2 \leqslant 1} \cos(x^2+y^2) dxdy = \int_{-1}^{1} dy \int_{-\sqrt{1-y^2}}^{\sqrt{1-y^2}} \cos(x^2+y^2) dx$, 然后利用 MATLAB 求解, 命令如下:

```
>>syms x y
>>f = cos(x^2 + y^2);
>>int(int(f,x, - sqrt(1 - y^2),sqrt(1 - y^2)),y, - 1,1)        %嵌套使用 int 函数
Warning: Explicit integral could not be found.
ans =
    int(2^(1/2) * pi^(1/2) * cos(y^2) * FresnelC((1 - y^2)^(1/2) * 2^(1/2)/pi^
    (1/2)) - 2^(1/2) * pi^(1/2) * sin(y^2) * FresnelS((1 - y^2)^(1/2) * 2^(1/2)/pi^
    (1/2)),y = -1 .. 1)
```

由返回结果可以看出, 积分结果中仍带有 int, 表明 MATLAB 没有求出这一积分值, 因此采用极坐标将二重积分转化为二次积分 $\iint\limits_{x^2+y^2 \leqslant 1} \cos(x^2+y^2) dxdy = \int_0^{2\pi} d\theta \int_0^1 r\cos r^2 dr$, 再利用 MATLAB 求解, 命令如下:

```
>>syms s r
>>f = r * cos(r^2);
>>int(int(f,r,0,1),s,0,2 * pi)
ans =
    sin(1) * pi
```

【例 7-31】 求曲线积分 $\int_L xy\,ds$ ，其中 L 为曲线 $x^2 + y^2 = r^2$ 在第一象限内的一段.

先将曲线积分转化为定积分 $\int_L xy\,ds = \int_0^{\frac{\pi}{2}} r^3\cos\theta\sin\theta\,d\theta$ ，然后在命令行窗口输入如下命令：

```
>> syms t r
>> int( r^3 * cos( t ) * sin( t ) ,t,0,pi/2)
ans =
    1/2 * r^3
```

7.3 无穷级数

7.3.1 级数求和

MATLAB 中求级数和的函数是 symsum，其调用格式如下.

• symsum(f,k,a,b)：计算符号表达式 f 对于变量 k 从 a 到 b 的和. 若省略 k，表示对默认符号变量求和，若 f 为常量，则默认符号变量为 x.

【例 7-32】 计算 $F_1 = \sum_{k=0}^{10} k^2, F_2 = \sum_{k=1}^{\infty} \frac{1}{k^2}, F_3 = \sum_{k=1}^{\infty} \frac{x^k}{k!}$ 的级数和.

```
>> syms k x
>> F1 = symsum( k^2,k,0,10)
F1 =
    385
>> F2 = symsum( 1/k^2,k,1,Inf)
F2 =
    1/6 * pi^2
>> F3 = symsum( x^k/factorial( k) ,k,1,Inf)        % factorial 是求阶乘的函数
F3 =
    exp( x)  - 1
```

7.3.2 泰勒级数

MATLAB 中求函数 $f(x)$ 的泰勒级数的函数是 taylor，其调用格式如下.

• taylor(f,var)：将符号表达式 f 按变量 var 在 0 点处展开为五阶麦克劳林公式.

• taylor(f,var,a)：将符号表达式 f 按变量 var 在 a 点处展开为五阶泰勒多项式.

• taylor(…,Name,Value)：在上述两种格式中增加一对或多对参数 Name 和 Value，用于设置展开式中的其他参数，比如展开多项式的阶数等.

常用的 Name 和 Value 取值及作用如表 7-1 所示.

表 7-1　taylor 函数中参数 Name 和 Value 的取值与作用

Name	Value	作　用
'Order'	正整数 n	默认值是 6，设置泰勒多项式的最高阶数是 $n-1$ 阶.
'OrderMode'	'absolute' 或 'relative'	默认值是 'absolute'，设置展开多项式的阶数的设定方式.'absolute' 是用截断阶数，而 'relative' 是用相对阶数.
'ExpansionPoint'	数字，变量 或表达式	默认值是 0，设置表达式的展开点，该参数也可以通过第二个调用格式中的参数 a 来设置.

【例 7-33】　已知函数 $f(x) = \sin x$，分别求 $f(x)$ 的五阶、七阶麦克劳林展开式；求 $f(x)$ 在点 $x = 1$ 处的 4 阶泰勒展开式.

```
>>syms x
>>f5 = taylor(sin(x),x)              %5 阶麦克劳林展开式
f5 =
    x - x^3/6 + x^5/120
>>f7 = taylor(sin(x),x,'Order',8)    %7 阶麦克劳林展开式
f7 =
    x - x^3/6 + x^5/120 - x^7/5040
>>f4 = taylor(sin(x),x,1,'Order',5)  % 点 x = 1 处的 4 阶泰勒展开式
f4 =
    sin(1) - (sin(1)*(-1 + x)^2)/2 + (sin(1)*(-1 + x)^4)/24 + cos(1)*
    (-1 + x) - (cos(1)*(-1 + x)^3)/6
```

在 MATLAB 中提供了 taylortool 函数来实现 Taylor 级数计算器，其调用格式如下.

• taylortool：生成图形界面，显示默认函数 f = x * cos(x) 在区间 $[-2*pi, 2*pi]$ 内的图形，同时显示函数 f 的前 n = 7 项的 Taylor 多项式级数和（在 a = 0 附近的）图形，效果如图 7-2 所示.

• taylortool(f)：用 Taylor 级数计算器对指定的函数 f 进行展开.

【例 7-34】　利用 Taylor 级数计算器求余弦函数 $f(x) = \cos x$ 的十阶麦克劳林展开式.

```
>>taylortool('cos(x)')
```

在 Taylor 级数计算器中设置相应参数，结果如图 7-3 所示.

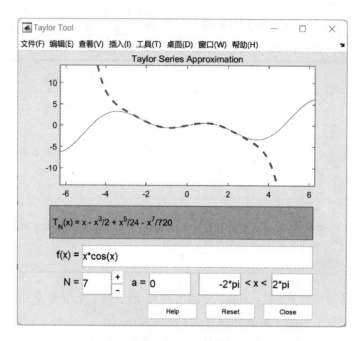

图 7-2　Taylor 级数计算器默认界面

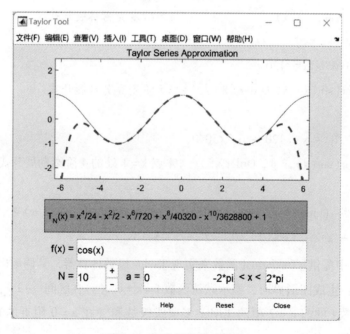

图 7-3　余弦函数展开效果

7.4　积分变换

傅里叶（Fourier）变换、拉普拉斯（Laplace）变换和 Z 变换在许多研究领域都有着举足轻重的作用，特别是在信号处理和系统动态特性的研究中. Fourier 变换常应用于连续系统，而快速傅里叶变换（FFT）应用于离散系统；Laplace 变换常用于连续系统（微分方程），其离散模式的 Z 变换则常应用于离散系统（差分方程）. 为此，MATLAB 提供了相应的函数来进行这些变换. 下面将重点讨论这些变换的具体使用方法.

7.4.1　傅里叶变换及其逆变换

函数 $f(x)$ 与它的傅里叶变换 $F(w)$ 之间存在如下关系：

$$F(w) = \int_{-\infty}^{+\infty} f(x)\mathrm{e}^{-iwx}\mathrm{d}x$$

$$f(x) = \frac{1}{2\pi}\int_{-\infty}^{+\infty} F(w)\mathrm{e}^{iwx}\mathrm{d}w$$

在 MATLAB 中，傅里叶变换及其逆变换的函数是 fourier 和 ifourier. fourier 函数调用格式如下.

- fourier(f)：求关于默认变量 x 的函数 f 的傅里叶变换 F(w). 若 f 不含自变量 x，则自变量为 symvar 所确定的默认变量.
- fourier(f,transVar)：求关于默认变量 x 的函数 f 的傅里叶变换 F，其中 F 是符号变量 transVar 的函数.
- fourier(f,var,transVar)：求关于变量 var 的函数 f 的傅里叶变换 F，其中 F 是符号变量 transVar 的函数.

【例 7-35】　符号函数的傅里叶变换.

```
>> syms t x
>> f = exp( -t^2 - x^2);
>> fourier(f)                % 对函数 f 按默认自变量 x 计算傅里叶变换 F(w)
ans =
    pi^(1/2) * exp( -t^2 - 1/4 * w^2)
>> syms y
>> fourier(f,y)              % 对函数 f 按默认自变量 x 计算傅里叶变换 F(y)
ans =
    pi^(1/2) * exp( -t^2 - 1/4 * y^2)
>> fourier(f,t,y)            % 对函数 f 按自变量 t 计算傅里叶变换 F(y)
ans =
    pi^(1/2) * exp( -x^2 - 1/4 * y^2)
```

傅里叶逆变换使用 ifourier 函数来完成，其调用格式如下.

- ifourier(F)：求关于默认变量 w 的函数 F(w) 的傅里叶逆变换 f(x)，若 F 是关于 x 的函数，则返回变量 t 的函数 f(t).
- ifourier(F,transVar)：求关于默认变量 w 的函数 F(w) 的傅里叶逆变换 f，其中 f 是符号变量 transVar 的函数.
- ifourier(F,var,transVar)：求关于变量 var 的函数 F 的傅里叶逆变换 f，其中 f 是符号变量 transVar 的函数.

【例 7-36】　求 $f(x) = \mathrm{e}^{-x^2}$ 的傅里叶变换及其逆变换.

```
>>syms x
>>f = x * exp( -x^2);
>>F = fourier(f)              %返回 f 的傅里叶变换 F(w)
F =
    -1/2 * i * pi^(1/2) * w * exp( -1/4 * w^2))
>>ff = ifourier(F)           %返回 F 的傅里叶逆变换 f(x)
ff =
    x * exp( -x^2)
```

【例 7-37】 求 $f(x) = t^3$ 的傅里叶变换及其逆变换.

```
>>syms t y
>>f = t^3;
>>F = fourier(f,y)    %返回 f 的傅里叶变换 F(y),相当于命令 F = fourier(f,t,y)
F =
    -2 * i * pi * dirac(3,y)
>>ff = ifourier(F,t)   %返回 F 的傅里叶逆变换 f(t),相当于命令 ff = ifourier(F,y,t)
ff =
    t^3
```

7.4.2 拉普拉斯变换及其逆变换

拉普拉斯变换及其逆变换分别为:

$$F(s) = \int_0^{+\infty} f(t) e^{-st} dt$$

$$f(t) = \frac{1}{2\pi i} \int_{c-i\infty}^{c+i\infty} F(s) e^{st} ds$$

在 MATLAB 中提供了 laplace 函数来实现拉普拉斯变换,其调用格式如下.

• laplace(f):求关于默认变量 t 的函数 f 的拉普拉斯变换 F(s). 若 f 不含自变量 t,则自变量为 symvar 所确定的默认变量.

• laplace(f,transVar):求关于默认变量 t 的函数 f 的拉普拉斯变换 F,其中 F 是符号变量 transVar 的函数.

• laplace(f,var,transVar):求关于变量 var 的函数 f 的拉普拉斯变换 F,其中 F 是符号变量 transVar 的函数.

【例 7-38】 符号函数的拉普拉斯变换.

```
>>syms a t y x
>>f = exp( -a * t);
>>F1 = laplace(f)              %返回 f(t)的拉普拉斯变换 F(s)
F1 =
    1/(s + a)
```

```
>>F2 = laplace(f,y)              % 返回 f(t)的拉普拉斯变换 F(y)
F2 =
    1/(y + a)
>>F3 = laplace(f,a,y)            % 返回 f(a)的拉普拉斯变换 F(y)
F3 =
    1/(y + t)
>>f = 1/sqrt(x);
>>F4 = laplace(f)                % 返回 f(x)的拉普拉斯变换 F(s)
F4 =
    (pi/s)^(1/2)
```

在 MATLAB 中 ilaplace 函数来实现拉普拉斯逆变换, 其调用格式如下.

- ilaplace(F): 求关于默认变量 s 的函数 F(s)的拉普拉斯逆变换 f(t), 若 F 是关于 t 的函数, 则返回变量 x 的函数 f(x).
- ilaplace(F,transVar): 求关于默认变量 s 的函数 F(s)的拉普拉斯逆变换 f, 其中 f 是符号变量 transVar 的函数.
- ilaplace(F,var,transVar): 求关于变量 var 的函数 F 的拉普拉斯逆变换 f, 其中 f 是符号变量 transVar 的函数.

【例 7-39】　符号函数的拉普拉斯逆变换.

```
>>syms a s x
>>F = 1/(s - a)^2;
>>f1 = ilaplace(F)               % 返回 F(s)的拉普拉斯逆变换 f(t)
f1 =
    t * exp(a * t)
>>f2 = ilaplace(F,x)             % 返回 F(s)的拉普拉斯逆变换 f(x)
f2 =
    x * exp(a * x)
>>f3 = ilaplace(F,a,x)           % 返回 F(a)的拉普拉斯逆变换 f(x)
f3 =
    x * exp(s * x)
```

7.4.3　Z 变换及其逆变换

Z 变换及其逆变换分别为:

$$F(z) = \sum_{n=0}^{\infty} \frac{f(n)}{z^n}$$

$$f(n) = \frac{1}{2\pi i} \oint_{|z|=R} F(z) z^{n-1} dz, \ n = 0,1,2,\cdots$$

在 MATLAB 中提供了 ztrans 函数来实现 Z 变换, 其调用格式如下.

- ztrans(f)：求关于默认变量 n 的函数 f 的 Z 变换 F(z). 若 f 不含自变量 n，则自变量为 symvar 所确定的默认变量.
- ztrans(f,transVar)：求关于默认变量 n 的函数 f 的 Z 变换 F，其中 F 是符号变量 transVar 的函数.
- ztrans(f,var,transVar)：求关于变量 var 的函数 f 的 Z 变换 F，其中 F 是符号变量 transVar 的函数.

【例 7-40】 符号函数的 Z 变换.

```
>> syms m n y
>> f = exp(m + n);
>> F1 = ztrans(f)                %返回 f(n)的 Z 变换 F(z)
F1 =
    (z * exp(m))/(z - exp(1))
>> F2 = ztrans(f,y)              %返回 f(n)的 Z 变换 F(y)
F2 =
    (y * exp(m))/(y - exp(1))
>> F3 = ztrans(f,m,y)           %返回 f(m)的 Z 变换 F(y)
F3 =
    (y * exp(n))/(y - exp(1))
```

在 MATLAB 中 iztrans 函数来实现逆 Z 变换，其调用格式如下.

- iztrans(F)：求关于默认变量 z 的函数 F(z)的逆 Z 变换 f(n)，若 F 是关于 n 的函数，则返回变量 k 的函数 f(k).
- iztrans(F,transVar)：求关于默认变量 z 的函数 F(z)的逆 Z 变换 f，其中 f 是符号变量 transVar 的函数.
- iztrans(F,var,transVar)：求关于变量 var 的函数 F 的逆 Z 变换 f，其中 f 是符号变量 transVar 的函数.

【例 7-41】 符号函数的逆 Z 变换.

```
>> syms z x
>> F = 2 * z/(z - 2)^2;
>> f1 = iztrans(F)               %返回 F(Z)的逆 Z 变换 f(n)
f1 =
    2^n * n
>> f2 = iztrans(F,x)            %返回 F(Z)的逆 Z 变换 f(x)
f2 =
    2^x * x
```

7.5 符号方程的求解

本节主要介绍符号方程的求解，包括符号代数方程的求解以及符号常微分方程的求解.

7.5.1　符号代数方程求解

MATLAB 符号运算能够求解一般的线性方程、非线性方程及代数方程和代数方程组. 当方程组不存在符号解，又无其他自由参数时，则给出数值解.

在 MATLAB 中提供了 solve 函数，用于求解符号表达式表示的代数方程. 其调用格式如下.

● S = solve(eqn,var)：求方程 eqn 关于指定变量 var 的解，若省略 var，则求解由 symvar 所确定的变量的解. 其中 eqn 一般是含等号（ == ）的符号方程，若 eqn 不含等号，则相当于 eqn == 0 的方程.

● S = solve(eqn,var,Name,Value)：通过 Name 与 Value 设置求解方程 eqn 时的一个或多个输入参数.

● Y = solve(eqns,vars)：求方程组 eqns 关于变量 vars 的解，返回值 Y 是一个包含解的结构体.

● Y = solve(eqns,vars,Name,Value)：通过 Name 与 Value 设置求解方程组 eqns 时的一个或多个输入参数.

● [y1,…,yN] = solve(eqns,vars)：求方程组 eqns 关于变量 vars 的解，并将结果赋值给 y1,…,yN.

● [y1,…,yN] = solve(eqns,vars,Name,Value)：带参数求解方程组 eqns，并将结果赋值给 y1,…,yN.

● [y1,…,yN,parameters,conditions] = solve(eqns,vars,'ReturnConditions',true)：求出带参数和条件的完全解，返回值 parameters 为完全解中的参数，conditions 为参数条件.

调用格式中，Name 和 Value 的取值和作用如表 7-2 所示.

表 7-2　solve 函数中参数 Name 和 Value 的取值和作用

Name	Value	作　用
'Real'	false（默认值）或 true	设置返回所有解还是只返回实数解. 若 Value 的值为 false，则返回所有解，否则只返回实数解.
'ReturnConditions'	false（默认值）或 true	用于说明方程的解中是否包含参数和条件. 若 Value 为 true，则求出带参数和条件的完全解，否则只求出特解.
'IgnoreAnalyticConstraints'	false（默认值）或 true	设置求解时的化简规则. 若 Value 为 false，则用严格的化简规则进行化简；否则用纯代数的化简规则解方程，但不能保证结果是正确的，需验证.
'IgnoreProperties'	false（默认值）或 true	设置返回的解是否受变量限定性假设的限制. 若 Value 的值为 false，则返回的解不受限制，为全解；否则只返回变量限定性假设范围内的解.
'MaxDegree'	2（默认值）或小于 5 的正整数	在求高阶多项式方程的解时，其解有可能是 RootOf 形式（隐式解）. 若要求返回的解是显式解，则用该项参数设置多项式相对应的最高阶数.
'PrincipalValue'	false（默认值）或 true	设置返回一个解还是多个解. 若 Value 的值为 false，则返回多个解，否则只返回一个解.

【例 7-42】 求方程 $ax^2 + bx + c = 0$ 的解.

```
>>syms a b c x
>>eqn = a*x^2 + b*x + c == 0;          %方程中等号为 ==
>>S = solve(eqn)                        %求方程 eqn 关于默认变量 x 的解
S =
    -(b + (b^2 - 4*a*c)^(1/2))/(2*a)
    -(b - (b^2 - 4*a*c)^(1/2))/(2*a)
>>Sa = solve(eqn,a)                     %求方程 eqn 关于变量 a 的解
Sa =
    -(c + b*x)/x^2
```

【例 7-43】 求方程 $x^5 = 3125$ 的解.

```
>>syms x
>>eqn = x^5 == 3125;
>>S = solve(eqn,x)                      %返回所有解
S =
                                                              5
    -(2^(1/2)*(5 - 5^(1/2))^(1/2)*5i)/4 - (5*5^(1/2))/4 - 5/4
     (2^(1/2)*(5 - 5^(1/2))^(1/2)*5i)/4 - (5*5^(1/2))/4 - 5/4
     (5*5^(1/2))/4 - (2^(1/2)*(5^(1/2) + 5)^(1/2)*5i)/4 - 5/4
     (5*5^(1/2))/4 + (2^(1/2)*(5^(1/2) + 5)^(1/2)*5i)/4 - 5/4
>>S = solve(eqn,x,'Real',true)          %只返回实数解
S =
    5
```

【例 7-44】 求方程 $\sin x = 0$ 的解.

```
>>syms x
>>eqn = sin(x) == 0;
>>s1 = solve(eqn)                       %返回方程特解
s1 =
    0
>> s2 = solve(eqn,x,'ReturnConditions',true)  %求出方程所有解,返回值 s2 为结构体
s2 =
            x: pi*k
    parameters: k
    conditions: in(k,'integer')
>> s2.x                                 %返回所有解
ans =
```

```
      pi * k
>> s2. parameters                      %返回解中的参数
ans =
      k
>> s2. conditions                      %返回解中参数 k 满足的条件
ans =
      in( k , 'integer ')
%可用如下命令，直接返回所有解 solx、参数 parameters 及参数条件 conditions
>>[ solx , parameters , conditions ] = solve( eqn , x , 'ReturnConditions ', true )
solx =
      pi * k
parameters =
      k
conditions =
      in( k , 'integer ')
```

【例 7-45】　求方程 $x^3 + x + a = 0$ 的解.

```
>>syms x a
>>eqn = x^3 + x + a == 0;
>>solve ( eqn , x )               %求出的解是 RootOf 形式（隐式解）
ans =
      root ( z^3 + z + a , z , 1 )
      root ( z^3 + z + a , z , 2 )
      root ( z^3 + z + a , z , 3 )
>>S = solve ( eqn , x , 'MaxDegree ', 3 ) %求显式解
S =
      ( ( a^2/4 + 1/27 ) ^ ( 1/2 ) − a/2 ) ^ ( 1/3 ) − 1/ ( 3 * ( ( a^2/4 + 1/27 ) ^ ( 1/2 ) −
a/2 ) ^ ( 1/3 ) )
      1/ ( 6 * ( ( a^2/4 + 1/27 ) ^ ( 1/2 ) − a/2 ) ^ ( 1/3 ) ) − ( 3^ ( 1/2 ) * ( 1/ ( 3 * ( ( a
^2/4 + 1/27 ) ^ ( 1/2 ) − a/2 ) ^ ( 1/3 ) ) + ( ( a^2/4 + 1/27 ) ^ ( 1/2 ) − a/2 ) ^ ( 1/3 ) ) *1i ) /2 −
( ( a^2/4 + 1/27 ) ^ ( 1/2 ) − a/2 ) ^ ( 1/3 ) /2
      ( 3^ ( 1/2 ) * ( 1/ ( 3 * ( ( a^2/4 +1/27 ) ^ ( 1/2 ) − a/2 ) ^ ( 1/3 ) ) + ( ( a
^2/4 +1/27 ) ^ ( 1/2 ) − a/2 ) ^ ( 1/3 ) ) *1i ) /2 +1/ ( 6 * ( ( a^2/4 + 1/27 ) ^ ( 1/2 ) −
a/2 ) ^ ( 1/3 ) ) − ( ( a^2/4 + 1/27 ) ^ ( 1/2 ) − a/2 ) ^ ( 1/3 ) /2
```

　　当 solve 函数不能求得方程的符号解时，它尝试使用 vpasolve 函数找到一个数值解. vpa-solve 函数返回找到的第一个数值解.

【例 7-46】　求方程 $\sin x = x^2 - 1$ 的解.

```
>> syms x
>> eqn = sin(x) == x^2 - 1;
>> S = solve(eqn,x)          % solve 无法找到符号解,返回找到的第一个数值解
警告:Unable to solve symbolically. Returning a numeric solution using vpasolve.
S =
    - 0.63673265080528201088799090383828
```

不难发现,方程 $\sin x = x^2 - 1$ 还有一个正解,为了找出正解,先把方程的左右两边函数图形画出来.

```
>> fplot(@(x)[sin(x), x^2 - 1], [-2 2])
```

运行结果如图 7-4 所示.

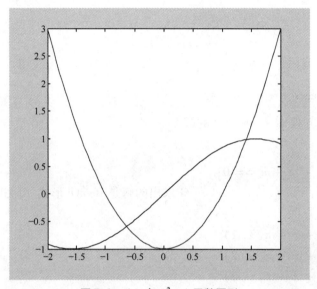

图 7-4　$\sin x$ 与 $x^2 - 1$ 函数图形

从图形中可以看出正解位于区间 $[1,2]$,可以通过直接调用数值求解器 vpasolve 在区间 $[1,2]$ 找到此数值解.

```
>> V = vpasolve(eqn,x,[0 2])
S =
    1.4096240040025962492355939705895
```

【例 7-47】　用 solve 函数求解线性方程组 $\begin{cases} x_1 + 3x_2 - x_3 = 1, \\ 2x_1 + x_2 + x_3 = 4, \\ 5x_1 + 6x_2 - 4x_3 = 6. \end{cases}$

```
>> syms x1 x2 x3
>> eqns = [x1 + 3 * x2 - x3 == 1, 2 * x1 + x2 + x3 == 4, 5 * x1 + 6 * x2 - 4 * x3 == 6];
                                          %方程以数组形式给出
>> vars = [x1,x2,x3];                     %变量数组
```

```
>>[solx1,solx2,solx3] = solve(eqns,vars)
solx1 =
     19/11
solx2 =
     -1/22
solx3 =
     13/22
```

【例 7-48】 求解非线性方程组 $\begin{cases} 2u^2 + v^2 = 0, \\ u - v = 1. \end{cases}$

```
>>syms u v
>>eqns = [2 * u^2 + v^2 == 0, u - v == 1];
>>vars = [v u];
>>[solv, solu] = solve(eqns,vars)
solv =
     -(2^(1/2) * 1i)/3 - 2/3
      (2^(1/2) * 1i)/3 - 2/3
solu =
     1/3 - (2^(1/2) * 1i)/3
     (2^(1/2) * 1i)/3 + 1/3
```

【例 7-49】 λ 取何值时，齐次线性方程组 $\begin{cases} (1-\lambda)x + 3y - z = 0, \\ 2x + (2-\lambda)y + z = 0, \\ 5x + 6y + (3-\lambda)z = 0 \end{cases}$，有非

零解？

　　分析：由线性代数知识可知，该方程组要有非零解，其系数行列式的值必须等于 0. 因此，我们只要求出使系数行列式等于 0 的 λ 值即可. 在命令行窗口输入如下命令：

```
>>syms lamda
>>A = [1 - lamda 3 -1;2 2 - lamda 1;5 6 3 - lamda];   % A 为符号矩阵
>>solve(det(A),lamda)                          % 求满足 det(A) ==0 的 lamda
ans =
                5
1/2 * 5^(1/2) +1/2
1/2 - 1/2 * 5^(1/2)
```

7.5.2　符号常微分方程求解

　　MATLAB 中提供了 dsolve 函数求微分方程的精确解. 由于求微分方程的解是非常复杂的，有时 dsolve 函数可能找不到一个显式表达式作为方程的解，甚至可能无解，这时我们只能求其数值解，dsolve 函数调用格式如下.

- S = dsolve(eqn)：求常微分方程 eqn 的通解.

- S = dsolve(eqn,cond)：利用初始条件或边界条件 cond 求解常微分方程 eqn.

- S = dsolve(eqn,cond,Name,Value)：利用初始条件或边界条件 cond 求解常微分方程 eqn. 并通过 Name 与 Value 设置求解方程 eqn 时的一个或多个输入参数.

说明：常微分方程 eqn 有两种表示形式：第一种形式，eqn 是一个符号方程，这种形式必须先定义符号函数和符号变量，方程中的导数用 diff 函数表示，如"diff (y)"表示 y'，"diff(y,2)"表示 y''，以此类推，等号用"=="表示；第二种形式，eqn 是一个字符串，这种形式不用先定义符号函数和符号变量，用符号 D 表示对变量进行微分运算，如"Dy"表示 y'，"D2y"表示 y''，以此类推，等号可以用"=="表示，也可以用"="表示. 第二种形式在后续版本中可能会被移除，建议使用第一种形式.

【例 7-50】 求常微分方程 $\dfrac{\mathrm{d}y}{\mathrm{d}t} = ay$ 的通解，并求满足初始条件 $y(0)=5$ 的特解.

```
>>syms y(t) a                    %定义符号函数 y(t)和符号变量 a
>>eqn = diff(y,t) == a*y;        %diff(y,t)表示 dy/dt
>>S = dsolve(eqn)                %求通解,通解中的 C1 表示任意常数
S =
    C1*exp(a*t)
>>cond = y(0) == 5;              %初始条件
>>dsolve(eqn,cond)              %求特解
ans =
    5*exp(a*t)
```

也可以用字符串形式求解，命令如下：

```
>>S2 = dsolve('Dy = a*y')        %Dy 表示 dy/dt,求通解
S2 =
    C1*exp(a*t)
>>dsolve('Dy = a*y','y(0) =5')   %字符串形式求特解
ans =
    5*exp(a*t)
```

【例 7-51】 求常微分方程 $\dfrac{\mathrm{d}^2 y}{\mathrm{d}t^2} = a^2 y$ 的通解，并求满足初始条件 $y(0)=b, y'(0)=1$ 的特解.

```
>>syms y(t) a b
>>eqn = diff(y,t,2) == a^2*y;
>>S = dsolve(eqn)                %求通解,通解中的 C1,C2 表示任意常数
S =
    C1*exp(a*t) + C2*exp(-a*t)
```

```
>> dy = diff(y,t);                          %定义符号函数
>> cond = [y(0) == b, dy(0) ==1];           %初始条件
>> ySol(t) = dsolve(eqn,cond)               %求特解
ySol(t) =
    (exp(a * t) * (a * b + 1))/(2 * a) + (exp( - a * t) * (a * b - 1))/(2 * a)
```

也可以用字符串形式求解, 命令如下:

```
>> S2 = dsolve('D2y = a^2 * y')             %字符串形式求通解
S2 =
    exp( - a * t) * C2 + exp(a * t) * C1
>> dsolve('D2y = a^2 * y','y(0) = b,Dy(0) = 1')   %字符串形式求特解
ans =
    (exp(a * t) * (a * b + 1))/(2 * a) + (exp( - a * t) * (a * b - 1))/(2 * a)
```

注意: 若 eqn 采用符号方程形式, 当初始条件包含 $y'(a) = b$ 时, 要定义一个符号函数 "dy = diff(y,t)", 然后用 "dy(a) = b" 表示 $y'(a) = b$, 同理, 可定义 "d2y = diff(y,t,2)", 以此类推.

【例 7-52】 求解微分方程组 $\begin{cases} \dfrac{dy}{dt} = y + z, \\ \dfrac{dz}{dt} = -y + z \end{cases}$ 的通解, 并求在初始条件 $\begin{cases} y(0) = 1 \\ z(0) = 2 \end{cases}$ 下的特解.

```
>> syms y(t) z(t)
>> eqns = [diff(y,t) == y + z, diff(z,t) == - y + z];    %方程以数组形式给出
>> S = dsolve(eqns)        %求微分方程组的通解, 返回值 S 是包含解的结构体
S =
    z: C1 * exp(t) * cos(t) - C2 * exp(t) * sin(t)
    y: C2 * exp(t) * cos(t) + C1 * exp(t) * sin(t)
>> S. y
ans =
    C2 * exp(t) * cos(t) + C1 * exp(t) * sin(t)
>> S. z
ans =
    C1 * exp(t) * cos(t) - C2 * exp(t) * sin(t)
>> conds = [y(0) ==1, z(0) ==2];            %初始条件数组
>> St = dsolve(eqns,conds)                  %求特解
St =
    z: 2 * exp(t) * cos(t) - exp(t) * sin(t)
    y: exp(t) * cos(t) + 2 * exp(t) * sin(t)
```

```
>> St. y
ans =
    exp(t) * cos(t) + 2 * exp(t) * sin(t)
>> St. z
ans =
    2 * exp(t) * cos(t) - exp(t) * sin(t)
```

注意：解微分方程组时，如果把返回值赋值给一个变量，则返回值是一个包含所有解的结构体类型数据．也可以利用数组形式进行输出，直接得到方程组的解．本题也可以用下面命令进行求解：

```
>> [y,z] = dsolve(eqns)
y =
    C2 * exp(t) * cos(t) + C1 * exp(t) * sin(t)
z =
    C1 * exp(t) * cos(t) - C2 * exp(t) * sin(t)
>> [yt,zt] = dsolve(eqns,conds)
yt =
    exp(t) * cos(t) + 2 * exp(t) * sin(t)
zt =
    2 * exp(t) * cos(t) - exp(t) * sin(t)
```

如果 dsolve 函数不能解析地找到微分方程的显式解，则它返回一个空的符号数组．这种情况下，可以通过使用 MATLAB 数值求解器，如 ode45 函数来求解微分方程．

【例 7-53】 求常微分方程 $\dfrac{\mathrm{d}y}{\mathrm{d}x} = \dfrac{x - \mathrm{e}^{-x}}{y + \mathrm{e}^y}$ 的通解.

```
>> syms y(x)
>> eqn = diff(y) == (x - exp(-x))/(y(x) + exp(y(x)));
>> S = dsolve(eqn)              % dsolve 找不到精确解，返回空的符号数组
警告: Unable to find symbolic solution.
S =
    [ empty sym ]
```

出现上面的情况，可以通过指定 Implicit（隐式）选项为 true（真）来尝试找到微分方程的隐式解．Implicit 的默认值为 false.

```
>> S = dsolve(eqn,'Implicit',true)   % 设置'Implicit'为 true, 求隐式解
S =
    exp(y(x)) + y(x)^2/2 == C1 + exp(-x) + x^2/2
```

【例 7-54】 求微分方程 $xy'' - 3y' = x^2$ 在边界条件 $y(1) = 0$ 和 $y(5) = 0$ 下的特解，并绘制解的函数图像．

建立 M 文件 chap7_54. m，MATLAB 代码如下：

```
syms y(x)
eqn = x * diff(y,2) - 3 * diff(y) == x^2;
y = dsolve(eqn,y(1) ==0,y(5) ==0)
ezplot(y,[0,6]);
hold on
y1 = subs(y,x,1);
y5 = subs(y,x,5);
plot([1,5],[y1,y5],'. r','markersize',20)
text(1,0.5,'y(1) =0');
text(5.2,0.5,'y(5) =0');
```

运行程序可得特解：

```
y =
    (31 * x^4)/468 - x^3/3 + 125/468
```

函数图像如图 7-5 所示.

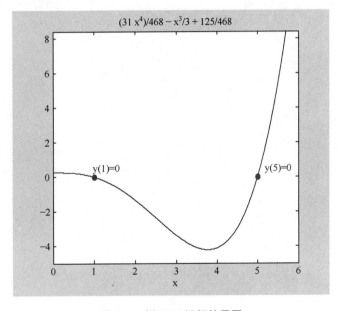

图 7-5　例 7-54 运行结果图

习　题　7

1. 在 MATLAB 中，能把 x、y 定义为符号变量的命令是（　　　）.
（A）sym x y　　　　（B）sym x, y　　　　（C）syms x y　　　　（D）syms x, y
2. 若 S 是一个符号表达式，则对 S 进行因式分解的命令是＿＿＿＿＿＿＿＿＿＿＿＿＿.

3. 在 MATLAB 中，将 sym 类型的数据转换为数值型可以使用函数＿＿＿＿ 和 ＿＿＿＿.

4. 符号表达式 $ax^2 + by^2 + xy = c$ 中默认的自由变量是＿＿＿＿＿＿＿＿.

5. 用 MATLAB 求下列极限：

（1）$\lim\limits_{x \to 0} \dfrac{\sqrt[3]{1+x}-1}{x}$；

（2）$\lim\limits_{x \to 0^+} x^x$.

6. 用 MATLAB 求下列导数：

（1）已知 $y = x\sin bx$，求 $y^{(3)}$；

（2）求 $y = x^4\cos 5x$ 的 40 阶导数.

7. 用 MATLAB 求下列积分：

（1）$\displaystyle\int \dfrac{\sin x\cos x}{1+\sin^4 x}\mathrm{d}x$；

（2）$\displaystyle\int_0^3 \dfrac{x}{1+\sqrt{1+x}}\mathrm{d}x$.

8. 求函数 $f(x) = x^2\mathrm{e}^{-x}$ 在 $x=0$ 处的七阶泰勒展开式.

9. 求方程 $x = 3\sin x + 1$ 的精确解.

10. 求解下列微分方程：

（1）$y' = \dfrac{x\sin x}{\cos y}$.

（2）$y'' + 4y' + \mathrm{e}^x = 0$.

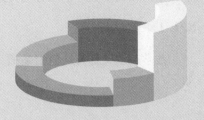

第 8 章

概 率 统 计

统计学是数学的重要分支之一，其应用范围几乎覆盖了社会科学和自然科学的各个领域. MATLAB 中提供了 Statistics and Machine Learning Toolbox 工具箱，用于解决统计方面的问题.

趣味实验_掷骰子

8.1 数据统计处理

学生成绩统计分析

数据统计处理是各种应用中非常重要的问题，在 MATLAB 中提供了大量的相关函数. 下面分别介绍.

8.1.1 数学期望

数学期望又称为均值，是概率统计中的重要概念，离散型随机变量的数学期望定义式如下：

$$E(X) = \sum_{k=1}^{\infty} x_k p_k.$$

在 MATLAB 中可以使用 sum 函数计算离散型随机变量的数学期望.

【例 8-1】 设随机变量 X 的分布律如表 8-1 所示：

表 8-1 例 8-1 数据表

X	10	30	50	70	80
P_k	1/36	1/3	1/2	1/12	1/18

求 X 的数学期望 $E(X)$.

```
>> x = [10 30 50 70 80];
>> p = [1/36 1/3 1/2 1/12 1/18];
>> EX = sum(x. * p)           % 返回 x 的数学期望
EX =
   45. 5556
```

对于给定的一组样本值 $X = (x_1, x_2, \cdots, x_n)$，数学期望可定义为：

$$E(X) = \frac{1}{n} \sum_{k=1}^{\infty} x_k.$$

在 MATLAB 中用 mean 函数计算平均值，其调用格式如下：

• M = mean(A)：计算 A 中元素的平均值. 如果 A 是向量，则 mean(A) 返回向量 A 的元素的平均值. 如果 A 是矩阵，则 mean(A) 将返回 A 中每列元素平均值组成的行向量.

• M = mean(A,dim)：沿维度 dim 返回 A 中元素的平均值. 例如，A 为矩阵，则 mean(A,1) 等同于 mean(A)，而 mean(A,2) 将返回 A 中每行元素平均值组成的列向量.

【例 8-2】 求向量和矩阵的算术平均值.

```
>> a = [2 3 5 7 9 10];
>> mean(a)                    % 返回向量 a 的元素平均值
ans =
    6
>> A = rand(3,4)
A =
```

0.9218	0.4057	0.4103	0.3529
0.7382	0.9355	0.8936	0.8132
0.1763	0.9169	0.0579	0.0099

```
>> mean(A)              % 返回矩阵 A 每一列元素的平均值
ans =
    0.6121    0.7527    0.4539    0.3920
>> mean(A,2)            % 返回矩阵 A 每一行元素的平均值
ans =
    0.5227
    0.8451
    0.2902
>> mean(mean(A))        % 返回矩阵 A 所有元素的平均值
ans =
    0.5527
```

8.1.2　求和与求积

矩阵和向量元素求和与求积的函数为 sum 与 prod，它们的调用格式如下.

• S = sum(A)：计算 A 中元素的和. 如果 A 是向量，则 sum(A) 返回向量 A 的元素之和. 如果 A 是矩阵，则 sum(A) 将返回 A 中每一列元素和组成的行向量.

• S = sum(A,dim)：沿维度 dim 返回 A 中元素的和. 例如，A 为矩阵，则 sum(A,1) 等同于 sum(A)，而 sum(A,2) 将返回 A 中每一行元素和组成的列向量.

• B = prod(A)：计算 A 中元素的乘积. 如果 A 是向量，则 prod(A) 返回向量 A 的元素的乘积. 如果 A 是矩阵，则 prod(A) 将返回 A 中每一列元素乘积组成的行向量.

• B = prod(A,dim)：沿维度 dim 返回 A 中元素的乘积. 例如，A 为矩阵，则 prod(A,1) 等同于 prod(A)，而 prod(A,2) 将返回 A 中每一行元素乘积组成的列向量.

【例 8-3】　求和与求积函数示例.

```
>> A = [1:3:7;2:3:8;3:3:9]
A =
    1    4    7
    2    5    8
    3    6    9
>> S1 = sum(A)          % 返回矩阵 A 每一列元素的和
S1 =
    6    15    24
>> S2 = sum(A,2)        % 返回矩阵 A 每一行元素的和
S2 =
    12
```

```
             15
             18
 >>S3 = sum(sum(A))                    %返回矩阵 A 所有元素的和
 S3 =
             45
 >>B1 = prod(A)                        %返回矩阵 A 每一列元素的乘积
 B1 =
       6    120    504
 >>B2 = prod(A,2)                      %返回矩阵 A 每一行元素的乘积
 B2 =
             28
             80
            162
 >>B3 = prod(1:20)                     %求 20 的阶乘
 B3 =
      2.4329e +018
```

8.1.3 累积与累乘积

设 $X = (x_1, x_2, \cdots, x_n)$ 是一个向量，V 和 W 是与 X 等长的另外两个向量，且

$$V = \left(\sum_{i=1}^{1} x_i, \sum_{i=1}^{2} x_i, \cdots, \sum_{i=1}^{n} x_i \right),$$

$$W = \left(\prod_{i=1}^{1} x_i, \prod_{i=1}^{2} x_i, \cdots, \prod_{i=1}^{n} x_i \right),$$

则称 V 为 X 的累加和向量，W 为 X 的累乘积向量. 在 MATLAB 提供了 cumsum 和 cumprod 函数求向量与矩阵元素的累加和向量与累乘积向量，它们的调用格式如下.

• B = cumsum(A)：计算 A 的累加和向量. 如果 A 是向量，则 cumsum(A)返回向量 A 的累加和向量. 如果 A 是矩阵，则 cumsum(A)返回一个矩阵，其第 i 列是 A 的第 i 列的累加和向量.

• B = cumsum(A,dim)：沿维度 dim 返回 A 的累加和向量. 例如，A 为矩阵，则 cumsum(A,1)等同于 cumsum(A)，而 cumsum(A,2)返回一个矩阵，其第 i 行是 A 的第 i 行的累加和向量.

• B = cumprod(A) ：计算 A 的累乘积向量. 如果 A 是向量，则 cumprod(A)返回向量 A 的累乘积向量. 如果 A 是矩阵，则 cumprod(A)返回一个矩阵，其第 i 列是 A 的第 i 列的累乘积向量.

• B = cumprod(A,dim)：沿维度 dim 返回 A 的累乘积向量. 例如，A 为矩阵，则 cumprod(A,1)等同于 cumprod(A)，而 cumprod(A,2)返回一个矩阵，其第 i 行是 A 的第 i 行的累乘积向量.

【例 8-4】 累加和与累乘积函数示例.

```
>>cumsum(1:10)                    %求向量的累加和向量
ans =
     1     3     6    10    15    21    28    36    45    55
>>A = [1 2 3;7 8 9]
A =
     1     2     3
     7     8     9
>>cumsum(A,1)                     %求矩阵 A 的每列累加和向量, 同 cumsum(A)
ans =
     1     2     3
     8    10    12
>>cumsum(A,2)                     %求矩阵 A 的每行累加和向量
ans =
     1     3     6
     7    15    24
>>cumprod(A,1)                    %求矩阵 A 的每列累乘积向量, 同 cumprod(A)
ans =
     1     2     3
     7    16    27
>>cumprod(A,2)                    %求矩阵 A 的每行累乘积向量
ans =
     1     2     6
     7    56   504
```

8.1.4　方差与标准差

设 X 是一个随机变量, 若数学期望 $E[(X-E(X))^2]$ 存在, 则称 $E[(X-E(X))^2]$ 为 X 的方差, 方差的计算公式为:

$$S_1^2 = \frac{1}{n-1} \sum_{i=1}^{n} (x_i - \bar{x})^2$$

或

$$S_2^2 = \frac{1}{n} \sum_{i=1}^{n} (x_i - \bar{x})^2,$$

方差的平方根称为标准差.

MATLAB 中提供了两个函数 var 和 std 分别求方差和标准差, 它们的调用格式如下.

- V = var(X): 计算 X 的方差. 若 X 为向量, 则返回 X 中所有元素的方差; 若 X 是矩阵, 则计算矩阵每一列元素的方差, 此时 V 是一个行向量.

- V = var(X,w): 通过参数 w 指定加权方案. 当 w = 0 (默认值) 时, 按公式 $S_1^2 = \frac{1}{n-1} \sum_{i=1}^{n} (x_i - \bar{x})^2$ 计算方差; 当 w = 1 时, 按公式 $S_2^2 = \frac{1}{n} \sum_{i=1}^{n} (x_i - \bar{x})^2$ 计算方差. w 也可

以是包含非负元素的权重向量，在这种情况下，w 的长度必须等于 X 的长度.

- S = std(X)：计算 X 的标准差. 若 X 为向量，则返回 X 中所有元素的标准差；若 X 是矩阵，则计算矩阵每一列元素的标准差，此时 S 是一个行向量.

- S = std(X,w)：通过参数 w 指定加权方案. 当 w = 0（默认值）时，按公式 $S_1 = \sqrt{\frac{1}{n-1}\sum_{i=1}^{n}(x_i-\bar{x})^2}$ 计算标准差；当 w = 1 时，按公式 $S_2 = \sqrt{\frac{1}{n}\sum_{i=1}^{n}(x_i-\bar{x})^2}$ 计算标准差. w 也可以是包含非负元素的权重向量，在这种情况下，w 的长度必须等于 X 的长度.

【例 8-5】 方差与标准差函数示例.

```
>> X = [4 7 3 1 10 7 9];
>> var(X)                  % 按公式 S₁² 计算向量 X 的方差
ans =
    10.8095
>> var(X,1)                % 按公式 S₂² 计算向量 X 的方差
ans =
    9.2653
>> std(X)                  % 按公式 S₁ 计算向量 X 的标准差
ans =
    3.2878
>> std(X,1)                % 按公式 S₂ 计算向量 X 的标准差
ans =
    3.0439
>> A = magic(3)
A =
    8    1    6
    3    5    7
    4    9    2
>> var(A)                  % 按公式 S₁² 计算矩阵 A 每一列元素的方差
ans =
    7   16    7
```

8.1.5 协方差与相关系数

设 X 和 Y 是两个随机变量，则 X 和 Y 的协方差定义为 $E[(X-E(X))(Y-E(Y))]$，记为 $\mathrm{cov}(X,Y)$. 而随机变量 X 和 Y 的相关系数定义式为：$r(X,Y)=\dfrac{\mathrm{cov}(X,Y)}{\sqrt{\mathrm{var}(X)\mathrm{var}(Y)}}$.

MATLAB 提供了两个函数 cov 和 corrcoef 分别求协方差和相关系数，它们的调用格式如下.

- C = cov(A)：返回随机变量 A 的协方差. 若 A 是向量，则返回 A 的方差；若 A 是

矩阵，其每一列表示一个随机变量，则返回 A 的协方差矩阵.

• C = cov(A,B)：返回两个随机变量 A 和 B 的协方差. 如果 A 和 B 是长度相同的向量，则返回值为 2×2 协方差矩阵. 如果 A 和 B 是矩阵，则 cov(A,B) 将 A 和 B 视为向量，并等价于 cov(A(:),B(:)). A 和 B 的大小必须相同.

• R = corrcoef(A)：返回 A 的相关系数的矩阵，其中 A 的每一列表示一个随机变量.

• R = corrcoef(A,B)：返回两个随机变量 A 和 B 的相关系数矩阵.

【例 8-6】 协方差与相关系数函数示例.

```
>>A = [5 0 3 7;1 -5 7 3;4 9 8 10];
>>C = cov(A)                    %返回矩阵 A 的协方差矩阵
C =
    4.3333      8.8333      -3.0000      5.6667
    8.8333     50.3333       6.5000     24.1667
   -3.0000      6.5000       7.0000      1.0000
    5.6667     24.1667       1.0000     12.3333
>>A = [3 6 4];
>>B = [7 12 -9];
>>cov(A,B)                      %两个向量的协方差
ans =
    2.3333      6.8333
    6.8333    120.3333
>>corrcoef(A,B)                 %两个随机变量的相关系数矩阵
ans =
    1.0000      0.4078
    0.4078      1.0000
```

8.2 常用分布

MATLAB 中提供了 20 多种概率分布，包括常用的离散分布和连续分布. 常用概率分布函数名称字符如表 8-2 所示，常用概率分布函数功能字符如表 8-3 所示.

表 8-2 常用概率分布函数名称字符表

分　布	离 散 分 布				连 续 分 布					
	均匀分布	二项分布	泊松分布	几何分布	均匀分布	指数分布	正态分布	卡方分布	t 分布	F 分布
字　符	unid	bino	poiss	geo	unif	exp	norm	chi2	t	f

表 8-3 常用概率分布函数功能字符表

功　能	分布函数	概率密度	逆概率分布	均值与方差	随机数生成
字　符	cdf	pdf	inv	stat	rnd

当需要某一分布的某种运算功能时，将分布函数名称字符与功能字符连接起来，就得到

所要的函数，下面举例说明.

8.2.1 二项分布

在 n 次独立重复的伯努利试验中，设每次试验中事件 A 发生的概率为 p. 用 X 表示 n 重伯努利试验中事件 A 发生的次数，则 X 的可能取值为 $0,1,\cdots,n$，且对每一个 $k(0 \le k \le n)$，事件 $\{X=k\}$ 即为"n 次试验中事件 A 恰好发生 k 次"，随机变量 X 的离散概率分布即为二项分布，其分布律为：

$$P\{X=k\} = C_n^k p^k (1-p)^{n-k} (k=0,1,\cdots,n).$$

在 MATLAB 中二项分布的函数有 binocdf、binopdf、binostat 等，其调用格式如下.

● y = binocdf(x,n,p)：计算二项分布的累积概率. 表示对一个发生概率为 p 的随机事件做 n 次独立重复试验，该事件发生 0 至 x 次的累积概率.

● y = binopdf(x,n,p)：计算二项分布的概率值. 表示对一个发生概率为 p 的随机事件做 n 次独立重复试验，该事件发生 x 次的概率值.

● [M,V] = binostat(n,p)：计算二项分布的数学期望 M 和方差 V.

上述调用格式中，x、n、p 可以是标量、数组、矩阵或多维数组，n 为正整数，x 满足 $0 \le x \le n$，p 满足 $0 \le p \le 1$.

【例 8-7】 若某种药物的临床有效率为 0.95，现有 100 人服用，问至少 85 人治愈的概率是多少？

分析：设随机变量 X 为 100 人中被治愈的人数，则 X 服从二项分布，所求概率为：

$$P\{X \ge 85\} = \sum_{i=85}^{100} P\{X=i\} = \sum_{i=85}^{100} C_{100}^i (0.95)^i (1-0.95)^{100-i}$$

或

$$P\{X \ge 85\} = 1 - \sum_{i=0}^{84} P\{X=i\} = 1 - \sum_{i=0}^{84} C_{100}^i (0.95)^i (1-0.95)^{100-i}.$$

方法一：利用 binopdf 函数求解，建立 M 文件 chap8_7.m，MATLAB 代码如下：

```
p = 0;
for i = 85:100
    p = p + binopdf(i,100,0.95);      % binopdf(i,100,0.95)为 i 个人治愈的概率
end
disp('至少 85 人治愈的概率是：'),p
```

运行结果如下：

至少 85 人治愈的概率是：

```
p =
    0.99996294592380
```

方法二：利用 binocdf 函数求解，在命令行窗口输入 MATLAB 代码如下：

```
>> p = 1 - binocdf(84,100,0.95)      % binocdf(84,100,0.95)为 1 至 84 人治愈的概率
p =
    0.99996294592382
```

【例 8-8】 求 X 取值为 $1,3,6,9,11,13$ 时服从二项分布 $b(X,15,0.4)$ 的概率值.

```
>> X = [1,3,6,9,11,13];
>> n = 15; p = 0.4;
>> Y = binopdf(X,n,p)          %X 为数组,返回值 Y 是与 X 长度相同的数组
Y =
    0.0047    0.0634    0.2066    0.0612    0.0074    0.0003
```

8.2.2 泊松分布

若随机变量 X 概率分布为

$$P\{X=k\} = e^{-\lambda} \cdot \frac{\lambda^k}{k!}, \; \lambda > 0, \; k = 0,1,2,\cdots,$$

则称随机变量 X 服从参数为 λ 的泊松分布. 当二项分布的 n 很大而 p 很小时,泊松分布可作为二项分布的近似.

在 MATLAB 中泊松分布的函数有 poisscdf、poisspdf、poisstat 等,其调用格式如下.

• y = poisscdf(x,lambda):计算服从参数为 lambda 的泊松分布的随机变量,发生 0 至 x 次的累积概率.

• y = poisspdf(x,lambda):计算服从参数为 lambda 的泊松分布的随机变量,发生 x 次的概率值.

• [M,V] = poisstat(lambda):计算服从参数为 lambda 的泊松分布的数学期望 M 和方差 V.

上述调用格式中 x 和 lambda 可以是标量、数组、矩阵或多维数组,且 lambda 必须为正数.

【例 8-9】 某城市每天发生火灾的次数 X 服从参数 $\lambda = 0.8$ 的泊松分布,求该城市一天内发生 3 次或 3 次以上火灾的概率.

分析:所求概率为:

$$P\{X \geq 3\} = 1 - P\{X < 3\} = 1 - (P\{X=0\} + P\{X=1\} + P\{X=2\})$$

方法一:利用 poisspdf 函数求解,在命令行窗口输入 MATLAB 代码如下:

```
>> lambda = 0.8;
>> y = 1 - poisspdf(0,lambda) - poisspdf(1,lambda) - poisspdf(2,lambda)
y =
    0.0474
```

方法二:利用 poisscdf 函数求解,在命令行窗口输入 MATLAB 代码如下:

```
>> lambda = 0.8;
>> y = 1 - poisscdf(2,lambda)
y =
    0.0474
```

【例 8-10】 求 X 取值为 $1,3,5,7,11$ 时服从 $\lambda = 3$ 的泊松分布的概率值.

```
>> lambda = 3;
>> X = [1,3,5,7,11];
>> Y = poisspdf(X,lambda)        % X 为数组,返回值 Y 是与 X 长度相同的数组
Y =
    0.1494    0.2240    0.1008    0.0216    0.0002
```

8.2.3   正态分布

若连续型随机变量 X 的概率密度为

$$f(x) = \frac{1}{\sqrt{2\pi}\sigma} e^{-\frac{(x-\mu)^2}{2\sigma^2}}, \quad -\infty < x < +\infty,$$

其中 $\mu, \sigma(\sigma > 0)$ 为常数,则称 X 服从参数为 μ, σ^2 的正态分布,记为 $X \sim N(\mu, \sigma^2)$.

在 MATLAB 中正态分布的函数有 normcdf、normpdf、normstat 等,其调用格式如下:

- p = normcdf(x,mu,sigma):计算 x 服从正态分布 N(mu, sigma^2) 的概率分布函数值. 省略形式 normcdf(x) 表示返回标准正态分布的概率分布函数值.
- y = normpdf(x,mu,sigma):计算 x 服从正态分布 N(mu, sigma^2) 的概率密度函数值. 省略形式 normpdf(x) 表示返回标准正态分布的概率密度函数值.
- [m,v] = normstat(mu,sigma):计算 x 服从正态分布 N(mu, sigma^2) 的数学期望 M 和方差 V.

上述调用格式中 x、mu 和 sigma 可以是标量、数组、矩阵或多维数组,且 sigma 必须为正数.

【例8-11】 假设某地区成年男性的身高(单位:厘米) $X \sim N(170, 7.69^2)$,求该地区成年男性的身高超过 175cm 的概率.

分析:所求概率为

$$P\{X > 175\} = 1 - P\{X \leqslant 175\}$$

在命令行窗口输入 MATLAB 代码如下:

```
>> x = 175; mu = 170; sigma = 7.69;
>> p1 = normcdf(x,mu,sigma)              % 计算 P{X≤175}
p1 =
    0.7422
>> p = 1 - p1                            % 计算 P{X>175}
p =
    0.2578
```

【例8-12】 在同一个图形窗口分别绘制正态分布 $N(0, 0.4^2)$,$N(0, 1^2)$,$N(-2, 2^2)$,$N(1, 2^2)$ 的概率密度图.

建立 M 文件 chap8_12.m,MATLAB 代码如下:

```
x = -5:0.1:5;
y1 = normpdf(x,0,0.4);                   % x 为数组,返回 x 中每一点对应的概率密度函数值
y2 = normpdf(x,0,1);                     % 求正态分布的概率密度值
```

```
y3 = normpdf(x, - 2,2);    y4 = normpdf(x,1,2);
plot(x,y1,'^ - ',x,y2,x,y3,' < - ',x,y4,' - >')
legend(' mu = 0,sigma = 0. 4 ','标准正态分布',' mu = - 2,sigma = 2 ',' mu = 1,sigma = 2 ')
```

运行结果如图 8-1 所示.

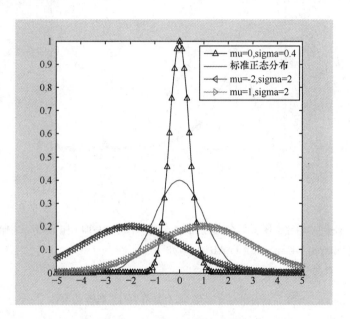

图 8-1 正态分布的概率密度图

图 8-1 从直观上验证了正态分布中参数 mu 和参数 sigma 对图形特征的影响：当固定 sigma，改变 mu 的大小时，则图形沿 x 轴平移，而不改变其形状；当固定 mu，改变 sigma 的大小时，则图形的对称轴不变，而形状在改变. 且 sigma 越小，曲线呈高而瘦；sigma 越大，曲线呈矮而胖.

与正态分布类似，通过将表 8-2 中分布函数名称字符与表 8-3 中功能字符连接起来，就能得到相应分布的功能函数，如：chi2pdf 表示求卡方分布的概率密度值，tpdf 表示求 t 分布的概率密度值，fpdf 表示求 F 分布的概率密度值.

【例 8-13】 在同一个图形窗口分别绘制卡方分布 $\chi^2(4)$ 和 $\chi^2(9)$ 概率密度图.

建立 M 文件 chap8_13. m，MATLAB 代码如下：

```
x = 0:0. 5:25;
y1 = chi2pdf(x,4);    y2 = chi2pdf(x,9);    % 求卡方分布的概率密度值
plot(x,y1,' * - ',x,y2,' o - ')
legend(' n = 4 ',' n = 9 ')
```

运行结果如图 8-2 所示.

卡方分布 $\chi^2(n)$ 的数学期望 $E = n$，方差 $D = 2n$. 当自由度 n 增大时，数学期望和方差均增大，因此概率密度曲线向右移动，且变平.

203

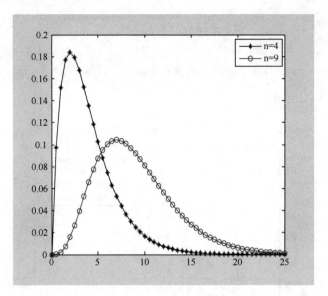

图 8-2   卡方分布的概率密度图

【例 8-14】   在同一个图形窗口分别绘制 t 分布 $t(3)$, $t(40)$ 和 $N(0,1)$ 概率密度图.
建立 M 文件 chap8_14. m，MATLAB 代码如下：

```
x = -5:0.1:5;
y1 = tpdf(x,3);                    % 求 t 分布的概率密度值
y2 = tpdf(x,40);
y3 = normpdf(x,0,1);
plot(x,y1,'* -',x,y2,x,y3)
legend('n = 3','n = 40','标准正态分布')
```

运行结果如图 8-3 所示.

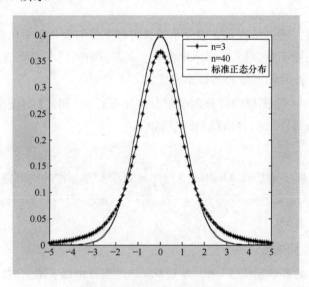

图 8-3 t 分布的概率密度图

在图 8-3 中，按概率密度曲线，其峰值由小到大依次是 $t(3),t(40)$ 和 $N(0,1)$. 图 8-3 从直观上验证了统计理论中的结论：当 $n→∞$ 时，$t(n)→N(0,1)$. 实际上当 $n≥30$ 时，$t(n)$ 与 $N(0,1)$ 就相差无几了.

【例 8-15】 在同一个图形窗口分别绘制 F 分布 $F(4,1),F(4,9),F(9,4),F(9,1)$ 的概率密度图.

建立 M 文件 chap8_15. m，MATLAB 代码如下：

```
x = 0:0. 01:5;
y1 = fpdf(x,4,1);        y2 = fpdf(x,4,9);        % 求 F 分布的概率密度值
y3 = fpdf(x,9,4);        y4 = fpdf(x,9,1);
plot(x,y1,':',x,y2,'- -',x,y3,'-',x,y4,'-. ')
legend('n = 4,m = 1','n = 4,m = 9','n = 9,m = 4','n = 9,m = 1')
```

运行结果如图 8-4 所示.

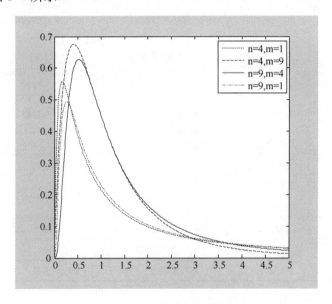

图 8-4 F 分布的概率密度图

8.3 概率密度与概率分布函数

在 MATLAB 中还提供了两个通用函数 pdf 和 cdf 用于计算随机变量的概率密度和概率分布函数，其调用格式如下.

- y = pdf('name',x,A,B,C,D)：返回离散型随机变量的概率值或连续型随机变量的概率密度函数在 x 中的值处的函数值.
- y = cdf('name',x,A,B,C,D)：返回离散型随机变量的累积概率值或连续型随机变量的概率分布函数在 x 中的值处的函数值.

上述调用格式中，name 表示概率分布的名称，x 是随机变量的取值，x 可以是标量、数

组、矩阵或多维数组，A，B，C，D 是参数，参数的个数根据 name 的值确定. 常见概率分布名称及参数说明如表 8-4 所示.

表 8-4　常见概率分布名称及参数说明

name 值	分布名称	参数 A	参数 B	参数 C	参数 D
'Beta'	β 分布	a 第一个形状参数	b 第二个形状参数	不适用	不适用
'Binomial'	二项分布	n 试验次数	p 每次试验成功的概率	不适用	不适用
'Chisquare' 或 'chi2'	卡方分布	ν 自由度	不适用	不适用	不适用
'Exponential'	指数分布	μ 均值	不适用	不适用	不适用
'F'	F 分布	ν_1 分子自由度	ν_2 分母自由度	不适用	不适用
'Gamma'	伽玛分布	a 形状参数	b 尺度参数	不适用	不适用
'Geometric'	几何分布	p 概率参数	不适用	不适用	不适用
'LogNormal'	对数正态分布	μ 对数值的均值	σ 对数值的标准差	不适用	不适用
'Negative Binomial' 或 'nbin'	负二项分布	r 成功次数	p 单个试验的成功概率	不适用	不适用
'Noncentral F' 或 'ncf'	非中心 F 分布	ν_1 分子自由度	ν_2 分母自由度	δ 非中心参数	不适用
'Noncentral t' 或 'nct'	非中心 t 分布	ν 自由度	δ 非中心参数	不适用	不适用
'Noncentral Chisquare' 或 'ncx2'	非中心卡方分布	ν 自由度	δ 非中心参数	不适用	不适用
'Normal'	正态分布	μ 均值	σ 标准差	不适用	不适用
'Poisson'	泊松分布	λ 均值	不适用	不适用	不适用
'Rayleigh'	瑞利分布	b 尺度参数	不适用	不适用	不适用
'T'	t 分布	ν 自由度	不适用	不适用	不适用
'Uniform'	均匀分布（连续）	a 下部端点（最小值）	b 上部端点（最大值）	不适用	不适用
'Discrete Uniform'	均匀分布（离散）	n 最大可观测值	不适用	不适用	不适用
'Weibull' 或 'wbl'	韦布尔分布	a 尺度参数	b 形状参数	不适用	不适用

【例 8-16】　pdf 函数和 cdf 函数示例.

```
>> x = [0 1 2 3 4];
>> mu = 1;
>> sigma = 5;
>> y1 = pdf('Normal',x,mu,sigma)    % 返回 μ = 1 且 σ = 5 的正态分布的率密度函
数值
    y1 =
        0.0782    0.0798    0.0782    0.0737    0.0666
>> Y1 = cdf('Normal',x,mu,sigma)    % 返回 μ = 1 且 σ = 5 的正态分布的率分布函数
值
    Y1 =
        0.4207    0.5000    0.5793    0.6554    0.7257
```

```
>>lambda = 2;
>>y2 = pdf('Poisson',x,lambda)   % 返回 λ = 2 的泊松分布在 x 中值的概率值
y2 =
    0.1353    0.2707    0.2707    0.1804    0.0902
>>Y2 = cdf('Poisson',x,lambda)   % 返回 λ = 2 的泊松分布在 x 中值的累积概率值
Y2 =
    0.1353    0.4060    0.6767    0.8571    0.9473
```

8.4 参数估计

在实际问题中，常常知道总体 X 分布类型，但是不知道其中的某些参数. 在另外一些问题中，甚至对总体的分布类型都不关心，感兴趣的仅是它的某些特征参数，这时都要求用总体的一个样本来估计总体的未知参数，这就是参数估计问题. 这些未知的参数不仅包括与分布有关的参数，还包括均值、方差等. 参数估计问题分为点估计和区间估计.

8.4.1 正态分布的参数估计

在 MATLAB 中提供了 normfit 函数用于求解正态分布的参数估计问题，其调用格式如下.

- [muHat,sigmaHat] = normfit(data)：根据 data 中给定的正态分布的数据，计算正态分布均值 μ 和标准差 σ 的极大似然估计值 muHat 和 sigmaHat.
- [muHat,sigmaHat,muCI,sigmaCI] = normfit(data)：根据 data 中给定的正态分布的数据，计算正态分布均值 μ 和标准差 σ 的极大似然估计值 muHat 和 sigmaHat，并返回置信度为 95% 时均值 μ 和标准差 σ 的置信区间 muCI 和 sigmaCI. 其中 muCI 的第 1 行是均值 μ 的置信下限，第 2 行是均值 μ 的置信上限；sigmaCI 的第 1 行是标准差 σ 的置信下限，第 2 行是标准差 σ 的置信上限.
- [muHat,sigmaHat,muCI,sigmaCI] = normfit(data,alpha)：返回置信度为 $1-\text{alpha}$ 的参数估计值及置信区间. alpha 的默认值为 0.05.

【例 8-17】 某种零件长度服从正态分布，从该批产品中随机抽取 10 件，测得其长度（单位：mm）分别为：

596, 603, 610, 585, 619, 615, 605, 620, 600, 606.

求均值 μ 和标准差 σ 的极大似然估计值及置信度为 0.90 的置信区间.

```
>>data = [596,603,610,585,619,615,605,620,600,606];
>>alpha = 1-0.9;                     % alpha 显著性水平
>>[muHat,sigmaHat,muCI,sigmaCI] = normfit(data,alpha)  % 正态分布的参数估计
muHat =
   605.9000
sigmaHat =
    10.7956
muCI =
```

```
    599. 6420
    612. 1580
sigmaCI =
     7. 8737
    17. 7609
```

由返回结果可知，置信度为 0.90 时，均值 μ 的极大似然估计值 muHat = 605.9000，置信区间为（599.6420，612.1580）；标准差 σ 的极大似然估计值 sigmaHat = 10.7956，置信区间为（7.8737，17.7609）.

8.4.2 常用分布的参数估计函数

和正态分布的参数估计函数 normfit 类似，MATLAB 还提供了其他常用分布的参数估计函数，其调用格式如下.

• ［phat,pci］= binofit(data,n,alpha)：根据 data 中给定的数据，返回二项分布参数的极大似然估计值，并返回显著性水平 alpha 的置信区间 pci，alpha 如果省略，取其默认值 0.05.

• ［muhat,muci］= expfit(data,alpha)：根据 data 中给定的数据，返回指数分布参数的极大似然估计值，并返回显著性水平 alpha 的置信区间 muci，alpha 如果省略，取其默认值 0.05.

• ［lambdahat,lambdaci］= poissfit(data,alpha)：根据 data 中给定的数据，返回泊松分布参数的极大似然估计值，并返回显著性水平 alpha 的置信区间 lambdaci，alpha 如果省略，取其默认值 0.05.

• ［ahat,bhat,ACI,BCI］= unifit(data,alpha)：根据 data 中给定的数据，返回均匀分布参数的极大似然估计值，并返回显著性水平 alpha 的置信区间 ACI 和 BCI，alpha 如果省略，取其默认值 0.05.

• ［phat,pci］= gamfit(data,alpha)：根据 data 中给定的数据，返回伽玛分布参数的极大似然估计值，并返回显著性水平 alpha 的置信区间 pci，alpha 如果省略，取其默认值 0.05.

【例 8-18】 常用分布的参数估计函数示例.

```
>>data    = poissrnd(5,10,2);          %生成服从泊松分布的随机数
>>[l,lci] = poissfit(data)             %泊松分布参数估计
l =
    5. 4000    5. 7000
lci =
    4. 0566    4. 3171
    7. 0458    7. 3850
>>mu = 3;
>>data = exprnd(mu,100,1);             %生成服从指数分布的随机数
>>[muhat,muci] = expfit(data)          %指数分布参数估计
```

```
muhat =
    3.1984
muci =
    2.6536
    3.9309
```

8.5 假设检验

假设检验是一种有重要理论和应用价值的统计推断形式. 它的基本任务是, 在总体的分布函数完全未知或只知其形式但不知其参数的情况下, 为了推断总体的某些性质, 首先提出某些关于总体的假设, 然后根据样本所提供的信息, 对所提假设做出"是"或"否"的结论性判断. 假设检验分为参数假设检验和非参数假设检验, 我们只讨论参数假设检验.

8.5.1 单个正态总体均值的假设检验

当总体标准差 σ 已知时, 均值的检验采用 U 检验法. U 检验一般是用于大样本 (即样本容量大于 30) 平均值差异性检验的方法. 它是用标准正态分布的理论来推断差异发生的概率, 从而比较两个平均数的差异是否显著. MATLAB 中由 ztest 函数来实现, 其调用格式如下.

• h = ztest(x,m,sigma): 进行显著性水平 alpha = 0.05 (默认值) 的 U 假设检验. 其中 x 为样本数据, m 是原假设 H_0 中的均值 μ_0, sigma 是总体标准差 σ. 若返回值 h = 0, 表示"在显著性水平 alpha = 0.05 的情况下, 接受原假设 H_0", 若返回值 h = 1, 表示"在显著性水平 alpha = 0.05 的情况下, 拒绝原假设 H_0".

• h = ztest(x,m,sigma,Name,Value): 进行 U 假设检验, 并通过 Name 与 Value 设置假设检验时的一个或多个输入参数. 表 8-5 列出了 ztest 函数参数 Name 值及其说明.

• [h,p] = ztest(…): 返回值 p 为观察值的概率.

• [h,p,ci,zval] = ztest(…): 返回值 ci 为均值 μ 的 1 - alpha 置信区间, zval 是 z 统计量的值.

表 8-5 ztest 函数参数 Name 值及其说明

Name	说 明
Alpha	假设检验的显著性水平, Alpha 的缺省值为 0.05.
Dim	矩阵的维度, Dim = 1 表示按列进行假设检验, Dim = 2 表示按行进行假设检验.
Tail	Tail 用于设置备择假设的类型, Tail 取值有以下三种情况: Tail = 0 或 'both', 表示备择假设 H_1: $\mu \neq \mu_0$, 默认值, 双侧检验; Tail = 1 或 'right', 表示备择假设 H_1: $\mu > \mu_0$, 右侧检验; Tail = -1 或 'left', 表示备择假设 H_1: $\mu < \mu_0$, 左侧检验.

当总体标准差 σ 未知时, 均值的检验采用 t 检验法. MATLAB 中由 ttest 函数来实现, 其调用格式如下.

- h = ttest(x)：使用单样本 t 检验返回原假设的检验决策，该原假设假定 x 中的数据来自均值等于零且方差未知的正态分布. 备择假设是总体分布的均值不等于零. 如果检验在 5% 的显著性水平上拒绝原假设，则结果 h 为 1，否则为 0.

- h = ttest(x,y)：使用配对样本 t 检验返回针对原假设的检验决策，该原假设假定 x－y 中的数据来自均值等于零且方差未知的正态分布.

- h = ttest(x,y,Name,Value)：返回配对样本 t 检验的检验决策，并通过 Name 与 Value 设置假设检验时的一个或多个输入参数，Name 值及其说明同 ztest 函数.

- h = ttest(x,m)：返回针对原假设的检验决策，该原假设假定 x 中的数据来自均值为 m 且方差未知的正态分布. 备择假设是均值不为 m.

- h = ttest(x,m,Name,Value)：返回单样本 t 检验的检验决策，并通过 Name 与 Value 设置假设检验时的一个或多个输入参数，Name 值及其说明同 ztest 函数.

- [h,p] = ttest(…)：使用上述语法组中的任何输入参数返回检验的 p 值.

- [h,p,ci,stats] = ttest(…)：返回 x 的均值的置信区间 ci，以及包含检验统计量信息的结构体 stats.

【例 8-19】 在某粮店的一批大米中，随机地抽测 10 袋，其重量（kg）为 26.1，23.6，25.1，25.4，23.7，24.5，25.1，26.2，24.8，24.5，设每袋大米的重量 $X \sim N(\mu, 0.1)$，问能否认为这批大米的袋重是 25kg（$\alpha = 0.01$）？

分析：原假设与备择假设分别为

$$H_0: \mu = 25, \quad H_1: \mu \neq 25.$$

用双侧 U 检验法，已知 $\sigma^2 = 0.1 \Rightarrow \sigma = 0.3162$，$\alpha = 0.01$，MATLAB 命令为：

```
>>x = [26.1,23.6,25.1,25.4,23.7,24.5,25.1,26.2,24.8,24.5];
>>m = 25; sigma = 0.3162;
>>[h,p,ci] = ztest(x,m,sigma,'alpha',0.01,'tail','both') %α = 0.01,双侧 U 检验
h =
    0
p =
    0.3173
ci =
    24.6424    25.1576
```

从输出结果可以看出，"h = 0" 接受原假设 H_0.

本题中，若总体标准差 σ 未知，则采用 t 检验法，MATLAB 命令如下：

```
>>[h,p,ci] = ttest(x,m,'alpha',0.01,'tail','both')     %α = 0.01,双侧 t 检验
h =
    0
p =
    0.7267
ci =
    23.9989    25.8011
```

8.5.2 两个正态总体均值的假设检验

设总体 $X \sim N(\mu_1, \sigma_0^2)$，$Y \sim N(\mu_2, \sigma_0^2)$，通常需要检验两个总体均值是否相等或不等关系. 以检验假设 $H_0: \mu_1 = \mu_2$，$H_1: \mu_1 \neq \mu_2$ 为例. 此检验由函数 ttest2 来实现，其调用格式如下.

• h = ttest2(x,y)：使用双样本 t 检验返回原假设的检验决策，该原假设假定向量 x 和 y 中的数据来自均值相等、方差相同但未知的正态分布的独立随机样本. 备择假设是 x 和 y 中的数据来自均值不相等的总体. 如果检验在 5% 的显著性水平上拒绝原假设，则结果 h 为 1，否则为 0.

• h = ttest2(x,y,Name,Value)：返回针对双样本 t 的检验决策，并通过 Name 与 Value 设置假设检验时的一个或多个输入参数.

• [h,p] = ttest2(⋯)：使用上述语法中的任何输入参数返回检验的 p 值.

• [h,p,ci,stats] = ttest2(⋯)：返回总体均值差的置信区间 ci，以及包含检验统计量信息的结构体 stats.

【例 8-20】 某卷烟厂生产甲、乙两种香烟，分别对它们的尼古丁含量（mg）进行 10 次测定，得样本观测值如下.

甲：25，28，23，26，29，22，25，26，28，24；

乙：28，23，30，25，21，27，23，27，24，25.

试问：这两种香烟的尼古丁含量有无显著差异（$\alpha = 0.05$ 假定这两种香烟的尼古丁含量都服从正态分布，且方差相等）？

分析：原假设与备择假设分别为：$H_0: \mu_1 = \mu_2$，$H_1: \mu_1 \neq \mu_2$，MATLAB 命令为：

```
>>x = [25  28  23  26  29  22  25  26  28  24];
>>y = [28  23  30  25  21  27  23  27  24  25];
>>[h,p,ci] = ttest2(x,y,'alpha',0.05,'tail','both') %α=0.05,双样本t检验
h =
     0
p =
     0.7915
ci =
    -2.0489    2.6489
```

从输出结果可以看出，"h = 0"接受原假设 H_0，在显著性水平 $\alpha = 0.05$ 下，认为两种香烟的尼古丁含量没有显著差异.

习 题 8

1. 已知矩阵 $A = \begin{pmatrix} 7 & 8 & 6 & 4 \\ 2 & 4 & 1 & 7 \\ 1 & 5 & 9 & 3 \end{pmatrix}$，则：

（1）求 A 中每行元素的平均值的命令是_____.

（2）求 A 中每列元素的和的命令是_____.

（3）求 A 中所有元素的和的命令是_____.

（4）求 A 中每行元素的乘积的命令是_____.

（5）求 A 中所有元素的乘积的命令是_____.

2. 设随机变量 X 的分布律如下表所示：

X	-1	0	2	3	4
P_k	1/8	1/4	3/8	1/8	1/8

求 X 的数学期望 $E(X)$.

3. 若样本为 85，88，87，82，83，89，92，96，99，求样本均值、标准差和方差.

4. 下面的数据是一个专业 50 名大学新生在数学素质测验中所得到的分数：

90，76，69，51，71，40，88，79，68，77，96，69，80，71，86，
52，41，60，81，72，92，81，99，77，99，79，66，71，84，73，
67，70，86，75，60，80，77，91，93，64，74，76，83，81，83，
88，80，92，64，100.

将这组数据分成 8 组，画出频数直方图，并求出样本均值和样本方差.

5. 试绘制出 $\lambda=1,2,5,10,15$ 时，泊松分布的概率密度和概率分布函数曲线.

6. 试绘制出 (μ,σ^2) 为 $(-1,1),(0,0.1),(0,1),(0,10),(1,1)$ 时，正态分布的的概率密度和概率分布函数曲线.

7. 有一大批糖果，现从中随机地取 16 袋，称得重量（g）如下：

506，508，499，503，504，510，497，512，
514，505，493，496，506，502，509，496.

设袋装糖果的重量近似地服从正态分布，试求总体均值 μ、标准差 σ 的极大似然估计值及置信水平为 0.95 的置信区间.

8. 某车间用一台包装机包装糖果，包得的袋装糖果重是一个随机变量，它服从正态分布. 当机器正常时，其均值为 0.5，标准差为 0.015. 某日开工后检验包装机是否正常工作，随机抽取所包装的糖果 9 袋，称得净重为（kg）：

0.498，0.505，0.516，0.524，0.499，0.512，0.520，0.515，0.513.

问机器工作是否正常？

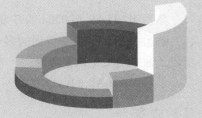

第 9 章

数 学 实 验

实验1 基础知识

实验目的

熟悉 MATLAB R2020a 的开发环境，掌握常用菜单的使用方法；

熟悉 MATLAB 工作界面的多个常用窗口，包括命令行窗口、工作区窗口、当前文件夹窗口、命令历史记录窗口等；

了解 MATLAB 的命令格式.

实验内容

一、窗口布局

1. 打开各窗口

MATLAB 开发环境由多个窗口组成，单击工具栏中的"布局"命令可以打开和关闭各窗口，如图 9-1 所示.

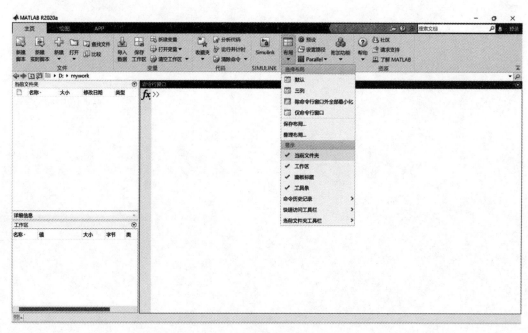

图 9-1　MATLAB R2020a 工作环境

2. 创建不同的文件

单击工具栏中"新建"命令，分别单击下拉菜单中"脚本"和"图形"命令，查看打开的两个窗口.

在两个打开的窗口中执行"文件"→"保存"命令，分别将空白文件保存为 .m 和 .fig 文件，并在资源管理器中查看文件类型.

二、命令行窗口

命令行窗口如图9-2所示，在命令行窗口中输入：

```
>> a = [8 7;6 5]
a =
     8     7
     6     5
>> b = 1/6
b =
    0.1667
>> c = a*b
c =
    1.3333    1.1667
    1.0000    0.8333
>> d = '你好'
d =
你好
>> e = d + 2
e =
    20322    22911
```

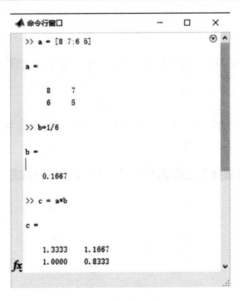

图9-2　命令行窗口

1. 使用标点符号修改命令行

（1）添加注释．

```
>> c = a − b                    % c 为矩阵 a − b 的差
```

（2）";"不显示计算结果.

```
>> a = [8 7;6 5];
```

（3）","用作元素的分隔.

```
>> a = [8,7;6,5]
a =
     8      7
     6      5
```

2. 使用操作键

（1）［↑］键：调用前一条命令.

（2）［↓］键：调用后一条命令.

（3）［Esc］键：清除当前行.

3. 使用 format 设置数值的显示格式

（1）按要求显示变量 c：

- 用 5 位有效数字显示.
- 用 15 位有效数字显示.
- 用 5 位有效数字的科学计数法显示.
- 用 15 位有效数字的科学计数法显示.

（2）用近似有理数显示变量 c.

三、工作区窗口

工作区窗口默认显示在 MATLAB 界面的右上方，显示了创建的 6 个变量，可以看到各个变量的名称、值和类型.

1. 创建新的变量

单击工作区窗口的 ⊙ 图标，单击工具栏中"新建"命令，在工作区中就创建了一个新的变量，默认名为"unnamed"，如图 9-3 所示为工作区窗口.

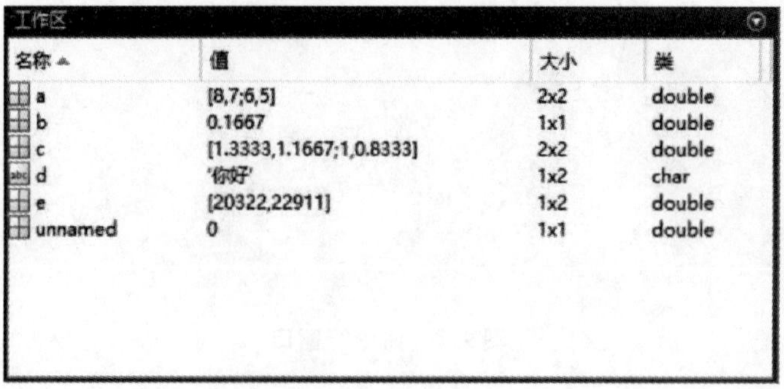

名称 ▲	值	大小	类
a	[8,7;6,5]	2x2	double
b	0.1667	1x1	double
c	[1.3333,1.1667;1,0.8333]	2x2	double
d	'你好'	1x2	char
e	[20322,22911]	1x2	double
unnamed	0	1x1	double

图 9-3   工作区窗口

2. 保存变量

变量保存在 MAT 文件中，在工作空间中选择需要保存的变量名，右击选择"另存为"命令，保存为 MAT 文件"lab1_1.mat".

四、命令历史记录窗口

单击"主页"选项卡上"环境"分区中的"布局"命令，在弹出的下拉菜单中单击"命令历史记录"→"停靠"命令，使命令历史记录窗口停靠在工作界面上. 在命令历史记录窗口中可以看到本次启动 MATLAB 的时间和已经输入的命令，如图 9-4a 所示.

运行过的命令可以直接在命令历史记录窗口保存为脚本文件. 在命令历史记录窗口中选择前五行命令并右击，弹出快捷菜单，单击"创建脚本"命令，弹出编辑器窗口，窗口中已有所选择的命令行，在文件中添加前两行注释：

```
% lab1_1
% 基本操作
```

保存该脚本文件，命名为'lab1_1.m'，如图 9-4b 所示.

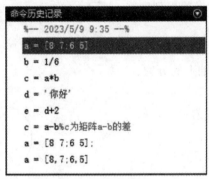

a) 命令历史记录窗口　　　　　　　　　　　b) 编辑器窗口

图 9-4　命令历史记录窗口和编辑器窗口

五、当前文件夹窗口

当前文件夹窗口显示当前文件的信息，如图 9-5 所示，单击 图标，可以设置当前文件夹为文件所保存的文件夹.

1. 打开文件

在当前文件夹窗口中右击"lab1_1.m"文件，在弹出的快捷菜单中单击"打开"命令. 在命令行窗口中输入：

```
>> clear
```

可以看到在工作区窗口中的变量都被清除了，右击当前文件夹窗口中的"lab1_1.mat"文件，在弹出的快捷菜单中单击"导入数据…"命令，将 MAT 文件加载到工作区中，再查看工作区窗口中加载的变量.

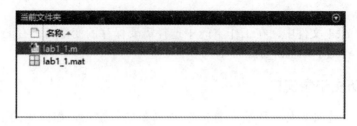

图9-5　当前文件夹窗口

2. 运行脚本文件

在当前文件夹窗口右击"lab1_1. m"文件，在弹出的快捷菜单中单击"运行"命令运行该文件.

应用拓展

应用拓展

求作用在气球上的合力

基本的工程计算是求物体所受各方向推力或拉力的合力，在静力学和动力学课程中，主要的计算是把力加起来. 考虑气球受到图9-6所示力的作用.

为了求作用在气球上的合力，需要将重力、浮力和风力加起来. 一种方法是分别求出每个力在 x 轴和 y 轴上的分力，然后再将其合成最终的合力.

x 轴和 y 轴上的分力可以用三角函数求得：F 为合力，F_x 为 x 轴上得分力，F_y 为 y 轴上的分力.

由三角函数可知，正弦等于对边与斜边之比，所以

$$\sin\theta = \frac{F_y}{F},$$

因此

$$F_y = F\sin\theta.$$

同样，余弦等于邻边与斜边之比，即

$$F_x = F\cos\theta,$$

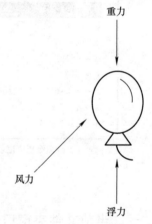

图9-6　气球与作用力示意图

将 x 轴的所有分力和 y 轴的所有分力分别求和，并用这两个力求最终的合力：

$$F_{x\text{和}} = \sum_{i=1}^{n} F_{xi}, \quad F_{y\text{和}} = \sum_{i=1}^{n} F_{yi}.$$

为了求合力 $F_{\text{合力}}$ 的大小和角度，再次使用三角函数. 正切等于对边与邻边之比，因此

$$\tan\theta = \frac{F_{y\text{和}}}{F_{x\text{和}}},$$

用反正切形式表示

$$\theta = \arctan\left(\frac{F_{y\text{和}}}{F_{x\text{和}}}\right).$$

求出 θ 后，就可以用正弦或余弦函数求合力 $F_{合力}$. 已知：

$$F_{x和} = F_{合力}\cos\theta,$$

整理得

$$F_{合力} = \frac{F_{x和}}{\cos\theta}.$$

在考虑图 9-6 中的气球，假设作用到气球上的重力为 100N，方向竖直向下，浮力为 200N，方向向上，作用到气球上的风力为 50N，方向与水平线夹角为 30°. 求作用到气球上的合力.

1. 问题描述

求作用到气球上的重力，浮力和风力的合力.

2. 描述输入与输出

输入（见表 9-1）：

表 9-1　输入参数

力	大　小	方　向
重力	100N	-90
浮力	200N	+90
风力	50N	+30

输出：需要求出合力的大小和方向.

3. 建立手工算例

首先求出各个力在 x 和 y 轴上的分力以及两个方向上各分力之和（见表 9-2）.

表 9-2　各力的分解

力	水 平 分 量	垂 直 分 量
重力	$F_x = F\cos\theta$	$F_y = F\sin\theta$
	$F_x = 100\cos(-90°) = 0\text{N}$	$F_y = 100\sin(-90°) = -100\text{N}$
浮力	$F_x = F\cos\theta$	$F_y = F\sin\theta$
	$F_x = 200\cos(+90°) = 0\text{N}$	$F_y = 200\sin(+90°) = +200\text{N}$
风力	$F_x = F\cos\theta$	$F_y = F\sin\theta$
	$F_x = 50\cos(+30°) = 43.301\text{N}$	$F_y = 50\sin(+30°) = +25\text{N}$
求和	$F_{x和} = 0\text{N} + 0\text{N} + 43.301\text{N} = 43.301\text{N}$	$F_{y和} = -100\text{N} + 200\text{N} + 25\text{N} = 125\text{N}$

求合力的方向角：

$$\theta = \arctan\left(\frac{F_{y和}}{F_{x和}}\right),$$

$$\theta = \arctan\frac{125}{43.301} = 70.89°.$$

4. 编写 MATLAB 程序

建立 M 文件 chap9_1. m，MATLAB 代码如下：

```
Force = [100,200,50];                %定义力向量 Force
theta = [-90,+90,+30];               %定义角度向量 theta
```

```
theta  =  theta * pi/180 ;                              %将角度转换为弧度
ForceX  =  Force. * cos( theta ) ;                      % x 方向的分力
ForceX_total  =  sum( ForceX ) ;                        % x 方向的分力求和
ForceY_total  =  sum( Force. * sin( theta ) ) ;         % y 方向的分力，并求和
result_angle  =  atan( ForceY_total/ForceX_total ) ;    %求合力的方向角
result_degrees  =  result_angle * 180/pi                %将弧度转换为角度
Force_total  =  ForceX_total/cos( result_angle )        %求出合力的大小
返回值为
result_degrees  =
    70. 8934
Force_total  =
    132. 2876
```

注意到力的大小和角度值放到了数组中，这样处理使程序更一般化，同时注意到角度转换成了弧度．程序中，除了最终计算结果，其余全部计算结果都被抑制了输出．但是在编写程序过程中，为了能观察到中间结果，需要去掉分号．

5. 结果验证

比较 MATLAB 结果和手工计算结果，发现结果一致．一旦知道其计算原理，就可以使用该程序计算多个力的合力，此时只需要将附加的信息添加到力向量 force 和角度向量 theta 的定义中．注意该例题中假设计算是在二维空间中进行的，其实很容易就能将计算扩展到三维空间．

趣味实验

MATLAB 除了可以帮助我们解决科学计算和绘图等问题，软件还内置了许多有趣的命令，包括二维图像、三维图像、动画、声音等．比如，在命令行窗口中输入命令"logo"，我们就能看到 MATLAB 的标志，如图 9-7a所示；输入命令"spy"，能看到一只可爱的小狗，如图 9-7b 所示；输入命令"truss"，能得到一个弯曲桁架的演示程序，如图 9-7c 所示等．

趣味实验

a) MATLAB标志

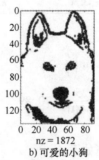
b) 可爱的小狗

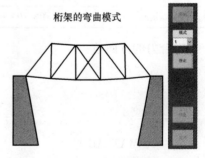
c) 弯曲桁架的演示程序

图 9-7　有趣的命令

实验2 程序设计

实验目的

掌握函数调用、M脚本文件和M函数文件的使用.

实验内容

一、使用函数调用并调试程序

1. 打开M文件编辑/调试器窗口

MATLAB 的 M 文件是通过 M 文件编辑窗口来创建的. 单击 MATLAB 工具栏的 (新建脚本) 图标，或者单击工具栏的 (新建) → "脚本" 命令，新建一个空白的 M 文件编辑器窗口. 如图 9-8 为 M 文件编辑/调试器窗口.

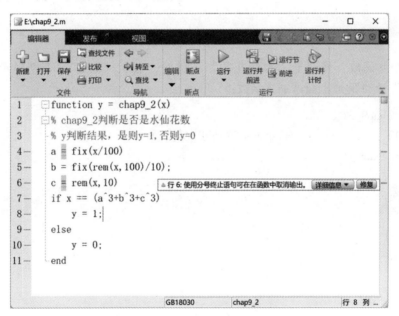

图 9-8　M 文件编辑/调试器窗口

（1）左边框是行号，如果程序出错，可根据出错提示中的行号查找出错语句.

（2）左边框的 "–" 处可以设置断点，有 "–" 的行都可以设置断点，单击 "–" 就出现圆点，右击可以设置条件断点.

（3）右边框是程序的提示，将鼠标放置其上，可以看到相应的提示和警告信息，有红色、黄色或绿色三种，红色表示警告或出错. 图 9-8 中显示为黄色，表示发现警告.

2. 编写 M 函数文件

编写程序判断输入参数是否是 "水仙花数"，"水仙花数" 是一个三位数，个位数的立方和等于该数本身，如果是 "水仙花数"，则函数输出 1，否则输出 0. 编写 M 函数程序如下：

221

```
function y = chap9_2(x)
% chap9_2 判断是否是水仙花数
% y 判断结果，是则 y = 1，否则 y = 0
a = fix(x/100);
b = fix(rem(x,100)/10);
c = rem(x,10);
if x == (a^3 + b^3 + c^3)
    y = 1;
else
    y = 0;
end
```

将函数文件保存为"chap9_2. m"，在命令行窗口中调用该函数：

```
>> y = chap9_2(455)
y =
    0
```

3. 添加主函数

添加一个主函数，当满足"水仙花数"条件时，显示"YES"，否则显示"NO". 在"chap9_3. m"文件的最上面添加主函数：

```
function chap9_3(x)
if x > 100                      % chap9_2 判断水仙花数
    y = chap9_2(x);
else
    return
end
if y == 1
    disp('YES')
else
    disp('NO')
end
```

二、使用 M 脚本和 M 函数文件

1. 创建 M 脚本文件

使用 for 循环结构，建立如下的矩阵：

$$y = \begin{pmatrix} 0 & 1 & 2 & 3 & \dots & n \\ 0 & 0 & 1 & 2 & \dots & n-1 \\ 0 & 0 & 0 & 1 & \dots & n-2 \\ \vdots & \vdots & \vdots & \vdots & & \vdots \\ 0 & 0 & 0 & 0 & \dots & 0 \end{pmatrix}.$$

创建 M 脚本文件 "chap9_4.m"，建立 6×6 的矩阵，编制如下程序：

```
clear;
n = 6;
y = zeros(n);
for m = 1:n - 1
    for mn = (m + 1):n
        y(m,mn) = mn - 1;
    end
end
y
```

2. 使用 while 循环结构

将 for 循环结构改为 while 循环结构，需要修改循环结束条件，创建 M 脚本文件 "chap9_5.m"，编制如下程序：

```
clear;
n = 6;
y = zeros(n);
m = 1;
while m < n
    mn = m + 1;
    while mn < = n
        y(m,mn) = mn - 1;
        mn = mn + 1;
    end
    m = m + 1;
end
y
```

3. 使用 M 函数文件

将脚本文件增加函数声明行，修改为函数文件并保存为 "chap9_6.m"，将矩阵的尺寸 n 作为输入参数，程序如下：

```
function y = chap9_6(n)
y = zeros(n);
for m = 1:n - 1
    for mn = (m + 1):n;
        y(m,mn) = mn - 1;
    end
end
```

应用拓展

应用拓展_成绩评定

成绩评定：程序设计

编写一个学生成绩评定函数，若该生考试成绩在 85 ~ 100 分之间，则评定为"优秀"；若在 70 ~ 84 分之间，则评定为"良好"；若在 60 ~ 69 分之间，则评定为"及格"；若在 60 分以下，则评定为"不及格".

1. 描述问题

评定成绩等级

2. 描述输入和输出

输入：

学生姓名 Name.

分数 Score.

输出：

学生姓名.

得分.

等级.

3. 建立手工算例（见表 9-3）

表 9-3 学生成绩

学 生 姓 名	得　分	等　级
赵一	90	优秀
王二	46	不及格
张三	84	良好
李四	71	良好
孙五	62	几个
钱六	100	优秀

4. 开发 MATLAB 程序

编写成绩评定函数文件 chap9_7. m，代码如下：

```
function chap9_7(Name,Score)
%  此函数用来评定学生的成绩等级
%  Name,Score 为参数，需要用户输入
%  Name 中的元素为学生姓名
%  Score 中的元素为学生分数
%  统计学生人数
n = length(Name);
%  将分数区分化开：优秀(85 ~ 100 分)，良好(70 ~ 84 分)，及格(60 ~ 69 分)，不及格(60 分以下)
for i = 0:15
    A_level{i + 1} = 85 + i;
```

```
        if i < = 14
            B_level{i + 1}  = 70 + i;
            if i < = 9
                C_level{i + 1}  = 60 + i;
            end
        end
end
Level  =  cell(1,n);                                    % 创建存储成绩等级的数组
S  =  struct('Name',Name,'Score',Score,'Level',Level);  % 创建结构体 S
for i  =  1:n                                            % 根据学生成绩，给出相应
                                                         的等级

    switch S(i).Score
        case A_level
            S(i).Level  =  '优秀';
        case B_level
            S(i).Level  =  '良好';
        case C_level
            S(i).Level  =  '及格';
        otherwise
            S(i).Level  =  '不及格';
    end
end
disp(['学生姓名',blanks(4),'得分',blanks(4),'等级']);     % 显示所有学生的成绩等
                                                         级评定
for i  =  1:n
    disp([S(i).Name,blanks(8),num2str(S(i).Score),blanks(6),S(i).Level]);
end
end
```

输入学生姓名和相应分数，显示运行结果

```
>> Name = {'赵一','王二','张三','李四','孙五','钱六'};
>> Score = {90,46,84,71,62,100};
>> chap9_7（Name，Score）
```

运行结果如下：

学生姓名	得分	等级
赵一	90	优秀
王二	46	不及格
张三	84	良好
李四	71	良好
孙五	62	及格
钱六	100	优秀

5. 验证结果

MATLAB 的运行结果与手工算例一致.

趣味实验

益智小游戏——猜数字

趣味游戏_猜数字

猜数字是一款经典的密码破译类游戏，可以使用 MATLAB 的循环结构进行编写，编写步骤如下：

（1）使用 randi 函数生成一个 1~100 的随机整数，即要猜的数字.

（2）使用 input 函数接收用户的猜测数字.

（3）判断用户猜的数字是否等于要猜的数字，如果等于，则结束游戏；如果大于，则提示猜大了；如果小于，则提示猜小了.

（4）重复步骤 2 和 3，直到猜对数字位置.

参考代码如下，见文件 chap9_ 8. m，动手做一做吧！

```
number = randi([1,100]);                    % 生成随机数字
guesses = 0;                                % 设置猜数字的次数
fprintf('请开始猜数字(1-100):\n');           % 开始猜数字
while true
    guess = input('猜的数字:');              % 输入猜的数字
    guesses = guesses + 1;                   % 累加猜数字的次数
    if guess == number                       % 判断猜的数字是否正确
        fprintf('猜对啦! 总共猜了 %d 次\n',guesses);
        break;
    elseif guess < number
        fprintf('猜小了,再试试\n');
    else
        fprintf('猜大了,再试试\n');
    end
end
```

实验 3　矩阵运算

实验目的

掌握矩阵和数组的创建、矩阵的修改、矩阵和数组的运算、矩阵的特征值和特征向量、用逆矩阵法和左除法求解线性方程组.

实验内容

一、矩阵的创建

按要求生成下列矩阵：
（1）生成一个 3×3 的全零矩阵 A.
（2）生成一个 3×4 的全零矩阵 B.
（3）生成一个 4×4 的全 1 矩阵 C.
（4）生成一个与矩阵 C 同维度的全 1 矩阵 D.
（5）生成一个 4×6 的矩阵 E，矩阵中所有元素的值都等于 π.
（6）生成一个 6 阶单位矩阵 F.
（7）使用 diag( ) 函数，生成如下矩阵：

$$G = \begin{pmatrix} -3 & 2 & 0 & 0 & 0 \\ 1 & -3 & 4 & 0 & 0 \\ 0 & 3 & -3 & 6 & 0 \\ 0 & 0 & 5 & -3 & 8 \\ 0 & 0 & 0 & 7 & -3 \end{pmatrix}.$$

（8）生成一个数值在 $0 \sim 100$ 之间的 4 行 3 列的随机矩阵 H.
（9）生成一个 6 阶魔方矩阵 I.
（10）使用 triu( ) 函数，生成矩阵 J 的上三角矩阵和第 2 条对角线上面的部分：

$$J = \begin{pmatrix} 16 & 2 & 3 & 13 \\ 5 & 11 & 10 & 8 \\ 9 & 7 & 6 & 5 \\ 4 & 16 & 7 & 3 \end{pmatrix}.$$

二、数组的创建

按要求创建下列向量：
（1）使用直接输入法生成向量 $x_1 = (2,4,6,8)$.
（2）生成一个从 0 开始，步长为 2，到 10 结束的向量 x_2.
（3）生成一个从 18.2 开始，步长为 -3，到 -7.5 结束的向量 x_3.
（4）生成一个从 0 开始，到 10 结束，包含 6 个数据元素的向量 x_3.
（5）生成一个从 10 开始，到 10^3 结束，包含 3 个数据元素的向量 x_4.

三、矩阵的修改

在 MATLAB 中创建下列变量，并完成下面的练习：

$$A = (12,17,3,6),\ B = \begin{pmatrix} 5 & 8 & 3 \\ 1 & 2 & 3 \\ 2 & 4 & 6 \end{pmatrix},\ C = \begin{pmatrix} 22 \\ 17 \\ 4 \end{pmatrix}.$$

（1）将矩阵 A 的第 2 列元素赋值给变量 y_1.
（2）将矩阵 B 的第 3 列元素赋值给变量 y_2.

（3）将矩阵 B 的第 3 行元素赋值给变量 y_3.

（4）将矩阵 B 主对角线上的元素赋值给变量 y_4［不使用 diag( ) 函数］.

（5）将矩阵 A 的前 3 个元素作为变量 y_5 的第 1 行元素，矩阵 B 作为变量 y_5 的第 2 行到第 4 行元素.

（6）创建变量 y_6，将矩阵 C 作为变量 y_6 的第 1 列，矩阵 B 作为变量 x_6 的第 2、3、4 列，矩阵 A 作为 y_6 的最后一行.

（7）将矩阵 x_6 的第 2 行替换成 $[6,6,6,6]$，并命名给变量 y_7.

（8）将矩阵 x_7 的第 1 列删除，并命名给变量 y_8.

（9）将矩阵 B 中的第 8 个元素赋值给变量 y_9.

（10）将矩阵 B 转换成列向量，并命名为 y_{10}.

四、矩阵和数组运算

1. 已知矩阵 $A = \begin{pmatrix} 5 & 3 & 5 \\ 3 & 7 & 4 \\ 7 & 9 & 8 \end{pmatrix}$，$B = \begin{pmatrix} 2 & 4 & 2 \\ 6 & 7 & 9 \\ 8 & 3 & 6 \end{pmatrix}$，$E = (1,2,3)$，$F = (2,4,5)$，求：

（1）$A + B$，$A - B$，$5A$，A 和 B 的矩阵乘积，A 和 B 的数组乘积.

（2）A 的平方，A 中各元素的平方.

（3）以 2 为底，以 A 中每个元素为指数得出的矩阵.

（4）B 的转置、秩、逆，B 对应的行列式的值，以及行最简形式.

（5）验证 $E * F$，$E.{}^{\wedge}F$，$E^{\wedge}F$ 是否成立.

（6）对比 $E./F$，$E.\backslash F$ 的结果.

2. 计算下列图形的面积或体积：

（1）已知三个三角形的底边分别为 2、4、6，高均为 12，求这三个三角形的面积，如图 9-9 所示.

提示：a 表示三角形的底边，h 表示三角形的高，则三角形的面积公式为 $\frac{ah}{2}$.

（2）设三个圆柱体的底圆半径均为 5，圆柱的高分别为 2、9、17，求圆柱体的体积，如图 9-10 所示.

提示：r 表示底圆半径，h 表示圆柱的高，则圆柱的体积公式为 $\pi r^2 h$.

（3）设棱柱的底面为图 9-9 中的三角形，三角形所对应的棱柱高分别为 7、11、18，求由图 9-9 中的三角形构成的棱柱的体积，如图 9-11 所示.

提示：任何正棱柱的体积都等于棱柱的底面积乘其垂直高度，棱柱的底可以是任何形状，如三角形、长方形或圆形等. s 表示正棱柱的底面积，h 表示正棱柱的高，则正棱柱的体积公式为 sh.

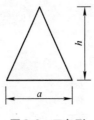

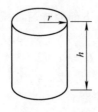

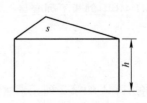

图 9-9　三角形　　　　图 9-10　圆柱体　　　　图 9-11　棱柱

五、矩阵的特征值与特征向量

求矩阵 $A = \begin{pmatrix} 0 & 1 & 1 & -1 \\ 1 & -2 & 2 & 0 \\ 0 & 2 & -2 & 1 \\ 1 & 1 & 0 & 1 \end{pmatrix}$ 的特征值和特征向量.

六、线性方程组求解

用逆矩阵解线性方程组：

$(1) \begin{cases} x_1 + x_2 + x_3 = 6, \\ 4x_2 - x_3 = 5, \\ 2x_1 - 2x_2 + x_3 = 1; \end{cases}$

$(2) \begin{cases} x_1 + 3x_2 + 5x_3 - 4x_4 + 2x_5 = 1, \\ x_1 + 3x_2 + 2x_3 - 2x_4 + x_5 = -1, \\ x_1 - 2x_2 + x_3 - x_4 - x_5 = 3, \\ x_1 - 4x_2 + x_3 + x_4 - x_5 = 3, \\ x_1 + 2x_2 + x_3 - x_4 + x_5 = -1. \end{cases}$

用左除法解线性方程组：

$(1) \begin{cases} 2x_1 - x_2 + x_3 = 4, \\ -x_1 - 2x_2 + 3x_3 = 5, \\ x_1 + 3x_2 + x_3 = 6; \end{cases}$

$(2) \begin{cases} x_1 + 2x_2 - 3x_4 = 1, \\ x_1 - x_2 + 3x_3 + x_4 = 2, \\ 2x_1 - 3x_2 + 4x_3 - 5x_4 = 7, \\ 9x_1 - 9x_2 + 6x_3 - 16x_4 = 25. \end{cases}$

应用拓展

海水淡化装置中的物质平衡问题：求解线性方程组

中国是公认的水资源丰富的国家，但是淡水资源不是很丰富，可以说是短缺的．发展海水淡化利用是增加水资源供给、优化供水结构的重要手段，对我国沿海地区、离岸海岛缓解水资源瓶颈制约、保障经济社会可持续发展具有重要意义．截止到 2021 年底，我国有 66.19% 的海水淡化工程中应用了反渗透技术，这项技术一般采用物质平衡方法进行分析和设计．

图 9-12 是海水淡化装置示意图，流进装置的海水中包含 96% 的水和 4% 的盐，装置内部通过反渗透作用将海水分成两部分，从顶部流出的几乎为纯净水，剩下的部分为浓缩盐水溶液，其浓度为 90% 的水和 10% 的盐．现在需要计算海水淡化装置顶部的淡水和底部的浓缩盐水两部分水的流量.

这是一个计算反应器中盐和水物质平衡的问题，流入反应器的液体质量必定与流出反应器的两部分液体质量相当，如果进水量为 100t，m 为质量，x 为浓度，即

$$m_{进流} = m_{出淡水} + m_{出盐水}.$$

可以改写为

$$\begin{cases} x_{进水} m_{进流} = x_{出淡水} m_{出淡水} + x_{出盐水} m_{出盐水} （水）, \\ x_{进盐} m_{进流} = x_{出淡盐} m_{出淡水} + x_{出盐盐} m_{出盐水} （盐）. \end{cases}$$

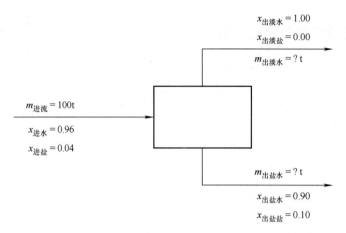

图 9-12　海水淡化装置示意图

上述问题可以描述为：

$$\begin{cases} 0.96 \times 100 = 1.00 m_{出淡水} + 0.90 m_{出盐水} & （水），\\ 0.04 \times 100 = 0.00 m_{出淡水} + 0.10 m_{出盐水} & （盐）. \end{cases}$$

1. 描述问题

计算淡化装置中产生的淡水量和废弃的盐水量.

2. 描述输入和输出

输入：

注入系统中的水量 $m_{进流} = 100$t.

流入海水的浓度 $x_{进水} = 0.96$，$x_{进盐} = 0.04$.

流出水的浓度，其中，上部流出的淡水 $x_{出淡水} = 1.00$，$x_{出淡盐} = 0.00$；下部流出的盐水 $x_{出盐水} = 0.90$，$x_{出盐盐} = 0.10$.

输出：

上部流出淡水的质量 $m_{出淡水}$.

下部流出盐水的质量 $m_{出盐水}$.

3. 建立手工算例

由于两个流出水中只有一个含盐，所以求解下列方程组比较容易：

$$\begin{cases} 0.96 \times 100 = 1.00 m_{出淡水} + 0.90 m_{出盐水} & （水），\\ 0.04 \times 100 = 0.00 m_{出淡水} + 0.10 m_{出盐水} & （盐）. \end{cases}$$

首先计算盐的物质平衡，得到

$$4 = 0.1 m_{出盐水},$$
$$m_{出盐水} = 40\text{t}.$$

求出 $m_{出盐水}$ 的数值后，代入水的物质平衡方程中：

$$96 = 1 \times m_{出淡水} + 0.90 \times 40,$$
$$m_{出淡水} = 60\text{t}.$$

4. 编写 MATLAB 程序

可以用逆矩阵法求解此问题，该问题用下面的方程表达：

$$AX = B.$$

其中，A 为系数矩阵，表示水和盐的质量．B 为结果矩阵，表示流入系统的海水中水和盐的流量．两个矩阵的取值为：

$$A = \begin{pmatrix} 1 & 0.9 \\ 0 & 0.1 \end{pmatrix}, \quad B = \begin{pmatrix} 96 \\ 4 \end{pmatrix}.$$

未知矩阵 X 包含从淡化装置顶部和底部流出的水的质量，使用 MATLAB 求解这个联立方程只需三行代码：

```
>>A = [1,0.9;0,0.1];
>>B = [96;4];
>>X = A\B
返回结果为
X =
    60
    40
```

5. 验证结果

MATLAB 的计算结果与手工计算的结果一致．

对于这问题，虽然利用手工计算非常简单，但是绝大部分实际问题要复杂得多，特别是当组件很多、流程很复杂时，利用手工计算真实的物质平衡是非常困难的．所以对与化工工艺工程师来说，该例中给出的逆矩阵求解方法是处理工程问题的重要工具．

趣味实验

世界上最早的线性方程组解法——方程术

《九章算术》是中国古代数学家张苍、耿寿昌撰写的数学专著，是《算经十书》中最重要的一部，构成了中国古典数学的基本框架，影响了此后两千年间的中国乃至东方的数学．《九章算术》成章之后，很大一部分中国古典数学的著述是以为《九章算术》作注的形式呈现的．现存最重要的《九章算术》注本有三国魏晋时期刘徽的《九章算术注》、唐代李淳风等的《九章算术注释》等．

《九章算术》中的"方程"本义是"并而程之"，即把诸物之间的各数量关系并列起来，考核其度量标准．现代的"方程"是英文 equation 的译文，有相等的意思，即含有未知数的等式，与中国古代的"方程"含义不同．在 1956 年科学出版社出版的《数学名词》中，已确定用"方程"表示含有未知数的等式，用"线性方程组"表示中国古代的方程．

《九章算术》方程章第一问提出了"方程术"．方程术是一种普遍方法，但因太抽象难以表述清楚，所以借助禾的产粮数来对此进行阐述．禾就是粟，也就是我们现在所说的小米，有时也指庄稼的茎秆，在本题中应该指的是带种子的整个谷穗．

假设有 3 捆上等禾，2 捆中等禾，1 捆下等禾，共产粮 39 斗；2 捆上等禾，3 捆中等禾，1 捆下等禾，共产粮 34 斗；1 捆上等禾，2 捆中等禾，3 捆下等禾，共产粮 26 斗．

问：1 捆上等禾，1 捆中等禾，1 捆下等禾各产粮多少斗？

若以 $k_{上禾}$，$k_{中禾}$，$k_{下禾}$ 表示上、中、下等禾的捆数，以 x, y, z 分别表示上、中、下等禾各一捆的产粮斗数，以 $d_{总}$ 表示总共产粮的斗数，那么它们之间数量关系可以表示为：

$$k_{上禾}x + k_{中禾}y + k_{下禾}z = d_{总}$$

上述问题相当于:

$$\begin{cases} 3x + 2y + z = 39, \\ 2x + 3y + z = 34, \\ x + 2y + 3z = 26. \end{cases}$$

使用直除法与代入法结合,求得:

$$1\ 捆上等禾的产粮斗数: x = 9\frac{1}{4}\ (斗),$$

$$1\ 捆中等禾的产粮斗数: y = 4\frac{1}{4}\ (斗),$$

$$1\ 捆下等禾的产粮斗数: z = 2\frac{3}{4}\ (斗).$$

动手做一做

尝试使用 MATLAB 编写程序,解决上述问题.

实验 4　二 维 绘 图

实验目的

掌握绘制二维曲线的基本命令.

实验内容

一、绘制二维曲线

创建脚本文件,绘制下列图形:

(1) 画出 $y = \sin x$ 的曲线,其中 x 的范围为 $0 \sim 2\pi$,步长为 0.1π. 添加标题为 "函数 $y = \sin x$ 的图像", x 轴标注为 "自变量", y 轴标注为 "因变量".

(2) 在刚刚的图中再画出 $z = \cos x$ 的曲线(保留 $y = \sin x$ 的曲线),其中 x 的范围为 $0 \sim 2\pi$,步长为 0.1π. 将 $y = \sin x$ 的曲线用红色虚线表示, $z = \cos x$ 的曲线用绿色点线表示. 添加图例 "$y = \sin x$" 和 "$z = \cos x$". 调整坐标轴使 x 轴的范围为 $-1 \sim 2\pi + 1$, y 轴的范围为 $-1.5 \sim 1.5$.

(3) 将图形窗口划分成两行一列,并且将刚刚绘制的 $y = \sin x$ 的曲线和 $z = \cos x$ 的曲线分别画在上半区域和下半区域.

二、绘制爱心曲线

爱心曲线的函数表达式如下:

$$f(x) = |x|^{\frac{2}{3}} + 0.9 \cdot (3.3 - x^2)^{\frac{1}{2}} \cdot \sin(\pi a x),\ x \in [-1.8, 1.8].$$

要求:

（1）曲线颜色为红色.

（2）坐标轴范围为 $[-2,2,-2,2.5]$.

（3）不显示坐标轴.

（4）通过改变 a 的值，绘制爱心曲线的动态变化过程，动态绘图代码提示如下：

```
% 此处创建数组
for a =1:0.05:30;
% 此处按要求绘制爱心曲线
    pause(0.001)
end
```

应用拓展

静电对录音质量的影响：二维曲线绘图

应用拓展_静电对
录音质量的影响

通过向存储音乐的文件中添加静电噪声，是研究静电对录音质量影响的重要方法. 选取《春节序曲》选段作为音频示例，使用 randn 函数模拟收音机里听到的静电噪声，观察无噪声与含噪声的音乐波形图，得出两者之间的关系.

《春节序曲》是我国著名作曲家李焕之先生创作的脍炙人口、广为流传的乐曲. 乐曲选取陕北秧歌调等民间曲调为素材，旋律优美、节奏鲜明，生动地刻画出热闹欢腾、喜气洋洋的中国传统年节气氛. 每逢新春佳节，《春节序曲》都会伴随着电视广播、各大音乐会走进千家万户，也是海外华人中最具影响力的作品之一.

音频是以数组的方式存储在 MATLAB 中的，其值在 -1 和 1 之间. 将数组转换为音乐时，sound 函数需要一个采样频率. 《春节序曲》选段的音频数据文件 springFestivalOverture. mat 既包含了音乐数据，也包含了采样频率. 听《春节序曲》选段时，必须首先加载该文件，使用的命令为：

```
load springFestivalOverture. mat
```

需要注意的是，springFestivalOverture. mat 文件加载后，工作区窗口中就会出现两个新的变量"y"和"fs"，分别表示音频数据和采样频率. 为了播放音频文件，使用命令：

```
sound(y,fs)
```

可以通过改变 fs 的值，感受不同采样频率下的音乐效果.

1. 描述问题

向《春节序曲》选段中添加噪声.

2. 描述输入和输出

输入：《春节序曲》选段的音频文件.

输出：《春节序曲》选段的音乐数组，包含音频数据和采样率；添加了静电噪音的音乐数组，包含音频数据和采样率；音频数据中的 200 个元素的波形图.

3. 建立手工算例

因为音频文件的数据在 $-1 \sim 1$ 之间变化，应该添加比幅度更小数量级的噪声值. 首先尝试均值为 0，标准差为 0.1 的值.

4. 开发 MATLAB 程序

建立 M 文件 chap9_9. m，MATLAB 代码如下：

```
load springFestivalOverture. mat      %导入音频文件
sound(y,fs)                            %播放音乐
pause                                  %程序暂停执行，按下空格键后可以继续执行
noise = randn(length(y),2) * 0.1;    %添加静电噪声
sound(y + noise,fs)                    %播放含噪声的音乐
```

5. 验证结果

除了可以播放无噪声和含噪声的音乐，还可以画出结果的波形. 因为音频文件的数据量太大，下面的程序只画出了其中的 200 个元素：

```
%绘制原始声音数据点和添加了噪声的音乐数据点的图形
time = 1:length(y);                               %计算时间坐标
noisy = y + noise;
plot(time(1,19800:20000),y(19800:20000,1),...     % ... 为续行符
    time(1,19800:20000),noisy(19800:20000,1),':')
legend('无噪声','含噪声')
title('《春节序曲》选段')
xlabel('采样点')
ylabel('音频数据')
```

运行结果如图 9-13 所示.

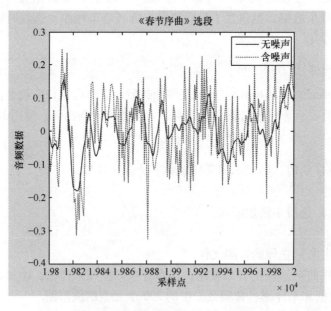

图 9-13　《春节序曲》选段波形图

程序表明，采样点为 x 轴，存储在音乐数组中的值为 y 轴.

图 9-13 中的实线代表无噪声的音频数据，虚线代表添加了噪声的音频数据. 正如预期的一样，含有噪声的数据范围更宽，也不总是随原始数据变化.

趣味实验

趣味实验_红色
五角星

那颗古老的五角星——二维绘图

据我国已知的考古资料显示，我国最早的五角星图形出现在距今已 5000 年历史的良渚文化时期. 五角星是非常美丽的，它的美来源于在每个五角星中都可以找到所有线段之间的长度关系都符合黄金分割比. 图 9-14 是使用尺规作图的方式画出的五角星，即使用一把无刻度的直尺和一个圆规来绘图.

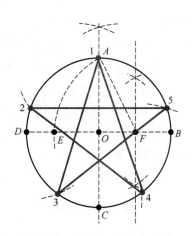

图 9-14　使用尺规作图的方式
画出的五角星

动手做一做

尝试使用 MATLAB 绘制一个大小为 200 的红色实心五角星.

提示：

（1）使用 plot( )函数画图；

（2）使用 plot( )函数数据点样式控制符绘制五角星；

（3）使用 plot( )函数颜色控制符将五角星的颜色设置为红色；

（4）使用 plot( )函数常用属性设置五角星的大小，并且将五角星填充为红色.

实验 5　三 维 绘 图

实验目的

掌握三维曲线绘图和三维曲面绘图的命令.

实验内容

一、三维曲线绘图

创建脚本文件，绘制圆锥螺线的图像. 圆锥螺线的参数方程为

$$x = t\cos\pi t, y = t\sin\pi t, z = 2t.$$

其中，t 的范围为 $0 \sim 4\pi$，步长为 0.1π.

要求：

（1）曲线的线宽为 3，用星号标记，线条为蓝色虚线；

（2）标题为"圆锥螺旋线的图像"；

(3) x 轴标注为 "x"，y 轴标注为 "y"，z 轴标注为 "z"；

(4) 显示网格．

二、三维曲面绘图

创建脚本文件，绘制图形：

(1) 创建数组 x 和 y，数据变化范围从 $-5 \sim +5$，步长为 0.5；

(2) 用 meshgrid 函数将数组 x 和 y 映射为两个新的二维矩阵 X 和 Y；

(3) 用 X 和 Y 计算 Z，其中 $Z = \sin(\sqrt{X^2 + Y^2})$；

(4) 用 mesh 函数绘制 Z 的三维网格图；

(5) 用 surf 函数绘制 Z 的三维表面图；

(6) 将图形窗口分成左右两部分，分别用 mesh(Z) 和 mesh(X,Y,Z) 函数绘制 Z 的三维网格图，比较 mesh(Z) 和 mesh(X,Y,Z) 的区别．

三、球面和柱面绘图

创建脚本文件，绘制球面和柱面图形．

将图形窗口分为两行两列，分别绘制如下图形：

(1) 单位球面，球面上分格线条数为 10；

(2) 单位球面，球面上分格线条数为 40；

(3) 半径为 3 的球面，球面上分格线条数为 10；

(4) 半径为 3 的柱面的表面图，其中 t 从 0 到 2，步长为 0.1．

四、绘制波浪曲面

创建脚本文件，绘制波浪曲面．波浪曲面的函数表达式为

$$z = (3\sin x + \cos y) \times \sin k, x \in [0, 4\pi], y \in [0, 4\pi]$$

要求：

(1) 创建数组 x 和 y，数据变化范围从 $0 \sim 4\pi$，步长为 $\dfrac{\pi}{100}$；

(2) 创建格点矩阵 X 和 Y；

(3) 绘制波浪曲面的表面图；

(4) x 轴范围为 $0 \sim 4\pi$，y 轴范围为 $0 \sim 4\pi$，z 轴范围为 $-3 \sim 3$；

(5) 使用插值方式的图形着色；

(6) 设置图形颜色为蓝头红尾的饱和色图；

(7) 通过改变 k 的值，绘制波浪曲线的动态变化过程，动态绘图代码提示如下：

```
% 此处创建数组 x 和 y, 格点矩阵 X 和 Y
for k = 0:pi/100:2 * pi;
% 此处按要求绘制波浪曲面表面图
    pause(0.001)
end
```

应用拓展

船只航行警示线：三维绘图

国之重器"天鲲号"是中国首艘从设计到建造拥有完全自主知识产权的重型自航绞吸挖泥船，主要用于疏浚吹填工程建设。"天鲲号"主尺度为总长约 140.0m，船体长 121.6m，垂线间长 115.02m，型宽 27.8m，型深 9.0m，设计吃水深度 6.5m。吃水深度是指水线面与船底基平面之间的垂直距离。航道的水下地形较为复杂，而船只的吃水深度影响了船只航行时的航道选择。使用标记船只航行警示线的方式，可以加强对航道的管理，规范船只的行驶路线，保障船只安全。

现有吃水深度为 4.5m，5m，6.5m 和 7m 的船只要航行至某一水域，水域范围（单位：m）为 $(75, 300) \times (-50, 150)$，需要画出该水域的船只航行警示线，以确保所有船只能安全通行。在低潮时，对该水域的水深进行了测量，测量的数据已保存在 depthData. ma 文件中，使用时用 load 命令即可导入数据。

1. 描述问题

画出船只航行警示线。

2. 描述输入和输出

输入：水深的测量数据。

输出：该水域的水下地形图；标记了吃水深度的航行警示线。

3. 建立手工算例

水深小于吃水深度的航道不能航行。

4. 编写 MATLAB 程序

建立 M 文件 chap9_ 10. m，MATLAB 代码如下：

```
load depthData. mat
x1 = 75:0. 1:300; y1 = -50:0. 1:150;          % 按要求范围创造横纵向量
[x2,y2] = meshgrid(x1,y1);                    % 生成网格矩阵
% 对已知数据进行双调和样条插值
z2 = griddata(depthData(1,:),depthData(2,:),depthData(3,:),x2,y2,'v4');
subplot(1,3,1)
mesh(x2,y2, -z2)                              % 绘制海底地形图
title('水下地形')
xlabel('水域宽度 x'),ylabel('水域宽度 y'),zlabel('水域深度 z')
subplot(1,3,2)
C = contour(x2,y2,z2);                        % 绘制海底地形的等高线
clabel(C)                                     % 显示等高线的数值
grid on
title('水下地形等高线')
xlabel('水域宽度 x'),ylabel('水域宽度 y')
```

```
subplot(1,3,3)
contour(x2,y2,z2,[4,5.5,6.5,7]);    % 显示特定高度处的等高线
grid on
title('航行警示线')
xlabel('水域宽度 x'),ylabel('水域宽度 y')
gtext('4 米警示线')
gtext('5.5 米警示线')
gtext('6.5 米警示线')
gtext('7 米警示线')
```

5. 验证结果

程序运行结果如图 9-15 所示.

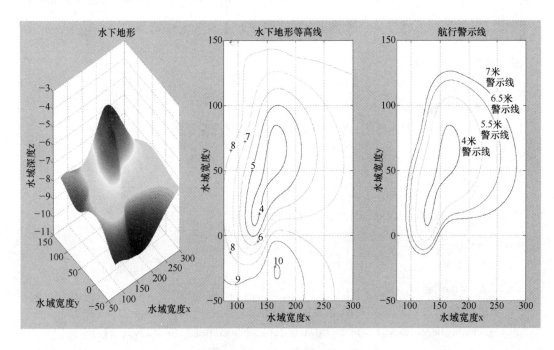

图 9-15 水下地形与航行警示线

程序根据水下地形绘制出水下地形、水下地形等高线图和船只的航行警示线图.

趣味实验

绘制一朵月季花

月季被誉为"花中皇后",而且有一种坚韧不屈的精神,花香悠远. 中国是月季花的原产地之一,在中国主要分布于湖北、四川和甘肃等省的山区. 月季作为幸福、美好、和平、友谊的象征,深受人们喜爱.

使用 MATLAB 的三维曲面绘图命令可以绘制美丽的月季花,如图 9-16 所示.

参考代码如下：

```
function chineseRose
    [x,t] = meshgrid((0:24)./24,(0:0.5:575)./575.*20.*pi-4*pi);
    p = (pi/2)*exp(-t./(8*pi));
    change = sin(20*t)/150;
    u = 1-(1-mod(3.3*t,2*pi)./pi).^4./2+change;
    y = 2*(x.^2-x).^2.*sin(p);
    r = u.*(x.*sin(p)+y.*cos(p)).*1.5;
    h = u.*(x.*cos(p)-y.*sin(p));
    set(gca,'CameraPosition',[2 2 2])
    hold on
    surface(r.*cos(t),r.*sin(t),h,'EdgeAlpha',0.1,...
        'EdgeColor',[0.5 0.5 0.5],'FaceColor','interp')
    grid on
end
```

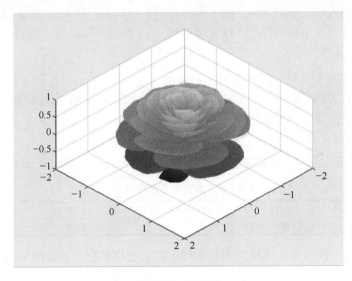

图 9-16　月季花

如果想绘制出一朵颜色艳丽的月季花，可以使用 colormap 函数为月季花添加颜色.

实验 6　数 值 运 算

实验目的

掌握多项式运算、数值积分和极值运算.

实验内容

一、多项式

（1）求矩阵 $A = \begin{pmatrix} 1 & 0 & -1 \\ 1 & 2 & 3 \\ 0 & 1 & 2 \end{pmatrix}$ 的特征多项式.

（2）求多项式 $f(x) = 2x^2 + 5x + 1$ 在 $x = -1$ 和 $x = 5$ 时的值.

（3）若多项式 $f(x) = 4x^2 - 3x + 1$，求：$f(-3)$，$f(7)$ 的值；对于矩阵 $\begin{pmatrix} 1 & 2 \\ -2 & 3 \end{pmatrix}$ 的值；

在矩阵 $\begin{pmatrix} 1 & 2 \\ -2 & 3 \end{pmatrix}$ 中各点处的值.

（4）已知多项式的根为 $(3,6,1,1.5)$，求其对应多项式.

（5）求下列多项式的和、差、乘积：$f_1(x) = 4x^3 - x + 3$ 和 $f_2(x) = 5x^2 - 2x - 1$；$f_1(x) = x^2 + 4x + 5$ 和 $f_2(x) = 2x^2 - 5x + 3$.

（6）求多项式 $f_1(x) = 8x^4 + 6x^3 - x + 4$ 与 $f_2(x) = 2x^2 - x - 1$ 的商及余子式.

（7）使用乘法命令 conv(u,v)，将上题中的 $f_2(x) = 2x^2 - x - 1$、商及余子式进行计算，验证 $f_1(x) = 8x^4 + 6x^3 - x + 4$.

（8）求多项式 $f(x) = x^5 - x^3 - 3x^2 + 9$ 的导数.

（9）求多项式 $f_1(x) = 7x^3 + 5x^2 + 2$ 与 $f_2(x) = x^2 + 2x - 8$ 的乘积的导数.

（10）分别用 2、3、4、5 阶多项式拟合函数 $y = \cos x$，$x \in (-5,5)$，并将拟合曲线与函数曲线 $y = \cos x$ 进行比较.

（11）在钢线碳含量对于电阻的效应的研究中，得到以下数据（见表 9-4）：

表 9-4　碳含量与电阻数据

碳含量 x	0.10	0.30	0.40	0.55	0.70	0.80	0.95
电阻 y	15	18	19	21	22.6	23.8	26

分别用一次、三次、五次多项式拟合曲线来拟合这组数据，并在同一图形窗口中绘制原测量数据（绿色，五角星）和拟合曲线，给 x 轴标记"碳含量"，y 轴标记"电阻".

（12）有一组测试数据如下（见表 9-5）：

表 9-5　数据表

x	0.0	0.3	0.8	1.1	1.6	2.2
y	0.82	0.72	0.63	0.60	0.55	0.50

对上述数据进行三次样条插值，并在同一图形窗口中绘制原测量数据（红色，小圆圈）和插值曲线（蓝色，实线），给 x 轴加标注"x"，给 y 轴加标注"y".

（13）在一次对沙山形状测量时，得到 5×5 个网格点的高度信息，数据如下：

8.7, 7.3, 8.2, 8.7, 8.5, 8.4, 8.9, 8.1, 8.8, 8.3, 8.0, 8.3, 8.5, 8.6, 8.2, 8.5, 8.6, 8.3, 9.0, 8.8, 8.2, 8.5, 7.9, 8.4, 8.0.

利用 4 种插值方法，绘制沙山的高度分布曲面.

二、数值积分

（1）用左矩形公式求 $\int_{1}^{2.5} \mathrm{e}^{-x} \mathrm{d}x$ 的数值解.

（2）用右矩形公式求 $\int_{1}^{2} \dfrac{\sin x}{x} \mathrm{d}x$ 的数值解.

（3）用梯形公式求 $\int_{0}^{2} x^{3} \sin x \mathrm{d}x$ 的数值解.

（4）用辛普生公式求 $\int_{1}^{3} \sin x \mathrm{d}x$ 的数值解.

三、极值运算

（1）设 $y = \arctan x - \dfrac{1}{2}\ln(1 + x^{2})$，完成：绘制该函数在区间 $[-5,5]$ 上的曲线图；求该函数在区间 $[-5,5]$ 上的极值（由曲线图判断是极大值还是极小值）.

（2）设 $y = x^{3} + 2x^{2} - 3x$，完成：绘制该函数在区间 $[-3,2]$ 上的曲线图；求该函数在区间 $[-3,2]$ 上的极大值和极小值.

应用拓展

应用拓展_数值
积分函数

计算气缸—活塞装置所做的功：数值积分函数

通常我们使用下面的方程来计算气缸—活塞装置所做的功：

$$W = \int P \mathrm{d}V.$$

该方程是在以下条件下得到的，即假设

$$PV = nRT.$$

其中，P 为压强，单位为 kPa；V 为体积，单位为 m^{3}；n 为摩尔数，单位为 mol；R 为理想气体常数，$R = 8.31\mathrm{J}/(\mathrm{mol} \cdot \mathrm{K})$；$T$ 为温度，单位为 K.

同时还需要假设：

（1）气缸内有 1mol 气体，温度为 300K；（2）气体在整个过程中保持恒温.

1. 描述问题

求图 9-17 中气缸—活塞装置所做的功.

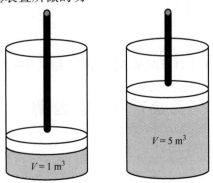

图 9-17 气缸—活塞设备

2. 描述输入和输出

输入：$T = 300\text{K}$，$n = 1\text{kmol}$，$R = 8.31\text{J}/(\text{mol} \cdot \text{K})$，$V_1 = 1\text{m}^3$（积分下限），$V_2 = 5\text{m}^3$（积分上限）.

输出：气缸—活塞装置所做的功.

3. 建立手工算例

理想气体定律表示为

$$PV = nRT$$

或

$$P = nRT/V.$$

对 P 进行积分得

$$W = \int_{V_1}^{V_2} \frac{nRT}{V}\mathrm{d}V = nRT\int_{V_1}^{V_2}\frac{\mathrm{d}V}{V} = nRT\ln\left(\frac{V_2}{V_1}\right).$$

代入数值得

$$W = 1\text{kmol} \times 8.314\text{J}/(\text{mol} \cdot \text{K}) \times 300\text{K} \times \ln\left(\frac{V_2}{V_1}\right).$$

由于积分上下限为 $V_2 = 5\text{m}^3$ 和 $V_1 = 1\text{m}^3$，所以做的功为

$$W = 4014\text{kJ}.$$

做功为正，表示系统对外做功而不是外界对系统做功.

4. 开发 MATLAB 程序

建立 M 文件 chap9_11.m，MATLAB 代码如下：

```
n = 1;                    %摩尔数
R = 8.314;                %理想气体常数
T = 300;                  %温度
P = @(v) n * R * T./v;    %创建匿名函数 n*R*T./v 的句柄
integral(P,1,5)           %计算数值积分
```

上述代码在命令窗口返回如下结果：

```
ans =
  4.0143e + 03
```

5. 验证结果

将 MATLAB 所得结果与手工计算结果进行比较，结果是一样的.

实验 7　符 号 运 算

实验目的

掌握使用符号法计算极限、导数、积分和微分方程.

实验内容

一、极限运算

（1）求 $\lim\limits_{n\to\infty}\dfrac{1}{\left[\ln(\ln n)\right]^{\ln n}}$.

（2）求 $\lim\limits_{x\to\frac{\pi}{2}}(\sin x)^{\tan x}$.

二、导数运算

（1）求函数 $y=\dfrac{1+\sin x}{1+\cos x}$ 的一阶导数.

（2）求 $y=x^4\cos 7x$ 的 40 阶导数.

（3）设 $z=\ln\left(\tan\dfrac{y}{x}\right)$，求 $\dfrac{\partial^2 z}{\partial x^2}$ 和 $\dfrac{\partial^2 z}{\partial x\partial y}$.

三、积分运算

（1）求 $\displaystyle\int\dfrac{\sin x\cos x}{1+\sin^4 x}\mathrm{d}x$；

（2）求 $\displaystyle\int_0^3\dfrac{x}{1+\sqrt{1+x}}\,\mathrm{d}x$.

四、微分方程运算

求微分方程 $y''+y+\sin 2x=0$ 在满足初始条件 $y(\pi)=1,y'(\pi)=1$ 下的解.

应用拓展

无动力炮弹弹道的方程：符号数学求解

可以用 MATLAB 的符号数学功能来探索无动力炮弹弹道的方程，炮弹如图 9-18 所示.

应用拓展_符号
方程求解

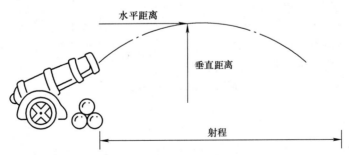

水平距离

垂直距离

射程

图 9-18　炮弹的射程取决于初速度和发射角

由基础物理学可知，炮弹水平方向飞行的距离是

$$d_x=v_0 t\cos\theta.$$

垂直方向飞行的距离为

$$d_y = v_0 t \sin\theta - \frac{1}{2}gt^2.$$

其中，v_0 为发射速度；t 为时间；θ 为发射角；g 为重力加速度.

请用这些方程和 MATLAB 的符号运算功能求得炮弹落地时得水平方向飞行距离（即射程）的方程.

1. 描述问题

求射程的方程.

2. 描述输入和输出

输入：水平距离和垂直距离的方程.

输出：射程方程.

3. 建立手工算例

$$d_y = v_0 t \sin\theta - \frac{1}{2}gt^2 = 0$$

整理可得

$$v_0 t \sin\theta = \frac{1}{2}gt^2,$$

化简得到

$$t = \frac{2v_0\sin\theta}{g}.$$

将此式代入水平飞行距离方程可得

$$d_x = v_0 t \cos\theta,$$

$$d_x = v_0\left(\frac{2v_0\sin\theta}{g}\right)\cos\theta.$$

由三角函数公式可知，$2\sin\theta\cos\theta$ 等于 $\sin2\theta$，需要时可以对公式进行进一步简化.

4. 开发 MATLAB 程序

```
建立 M 文件 chap9_12. m,MATLAB 代码如下：
syms v0 t theta g                            %定义符号变量
Distancey = v0*t*sin(theta) - 1/2*g*t^2;     %定义垂直飞行距离的符号表达式
Distancex = v0*t*cos(theta);                 %定义水平飞行距离的符号表达式
impact_time = solve(Distancey,t)             %落地时间
%将落地时间代入水平飞行距离表达式
impact_distance = subs(Distancex,t,impact_time(2))
返回结果：
impact_time =
                0
(2*v0*sin(theta))/g
```

因为开始发射和发射后落地这两个时刻的垂直距离均为零，所以有两个结果. 但是只有第二个结果是有意义的.

炮弹落地时水平飞平距离方程为：

impact_distance ＝
$(2 * v0^2 * \cos(\text{theta}) * \sin(\text{theta}))/g$

5. 验证结果

将 MATLAB 结果和手工计算结果相比较，两种方法得到的结果相同.

尽管结果已经很简单，但 MATLAB 还可以对结果进行化简. 输入 simplify 命令：

simplify(impact_distance)

返回下面的结果：

ans ＝
$(v0^2 * \sin(2 * \text{theta}))/g$

实验 8　概 率 统 计

实验目的

掌握频数直方图和基本统计量的使用.

实验内容

下面的数据是一个专业 50 名大学新生在数学素质测验中所得到的分数：

90，76，69，51，71，40，88，79，68，77，96，69，80，71，86，52，41，60，81，72，92，81，99，77，100，79，66，71，84，73，67，70，86，75，60，80，77，91，93，64，74，76，83，81，83，88，80，92，83，64.

将这组数据分成 6~8 个组：

（1）画图频数直方图.

（2）求样本均值、标准差、中位数、极差和方差.

应用拓展

盐泉的钾性判别：概率统计分析

钾盐是重要的战略性矿产资源，是国家粮食安全的重要保障. 钾盐资源对于我国的经济发展和农业生产都具有非常重要的意义. 我国已探明储量的矿区主要分布在青海、云南、山东、新疆、甘肃和四川等省区. 这些省区的钾盐企业在不断创新和发展的同时，还注重环保和可持续发展，为我国的化工产业和环保事业做出了重要贡献.

应用拓展_盐泉的
钾性判别

某地区经勘探证明，A 盆地是一个钾盐矿区，B 盆地是一个钠盐（不含钾）矿区，其他盆地是否含有钾盐有待判断. 现从 A 和 B 盆地各取 5 个盐泉样本，从其他盆地抽得 8 个盐泉样本，其数据如表 9-6 所示，尝试对后 8 个待判盐泉进行钾性判别.

表 9-6　测量数据

盐泉类别	序　号	特　征　1	特　征　2	特　征　3	特　征　4
第一类：含钾盐泉，A 盆地	1	13.85	2.79	7.8	49.6
	2	22.31	4.67	12.31	47.8
	3	28.82	4.63	16.18	62.15
	4	15.29	3.54	7.5	43.2
	5	28.79	4.9	16.12	58.1
第二类：含钠盐泉，B 盆地	1	2.18	1.06	1.22	20.6
	2	3.85	0.8	4.06	47.1
	3	11.4	0	3.5	0
	4	3.66	2.42	2.14	15.1
	5	12.1	0	15.68	0
待判盐泉	1	8.85	3.38	5.17	64
	2	28.6	2.4	1.2	31.3
	3	20.7	6.7	7.6	24.6
	4	7.9	2.4	4.3	9.9
	5	3.19	3.3	1.43	33.2
	6	12.4	5.1	4.43	30.2
	7	16.8	3.4	2.31	127
	8	15	2.7	5.02	26.1

距离判别是定义一个样本到某个总体的"距离"的概念，然后根据样本到各个总体的"距离"的远近来判断样本的归属. 最常用的是马氏距离，其定义如下：

对于两个协方差相同的正态总体 G_1 和 G_2，设 $x_1, x_2, \cdots x_n$ 来自 G_1，$y_1, y_2, \cdots, y_n$ 来自 G_2. 给定一个样本 X，判别函数 $W(X) = (X - \bar{\mu})'V^{-1}(\bar{X} - \bar{Y})$，当 $W(X) > 0$ 时，判断 X 属于 G_1；当 $W(X) < 0$ 时，判断 X 属于 G_2，其中，$\bar{X} = \dfrac{1}{n_1}\sum\limits_{k=1}^{n_1} X_k$；$S_1 = \sum\limits_{k=1}^{n_1}(x_k - \bar{X})(x_k - \bar{X})'$；$S_2 = \sum\limits_{k=1}^{n_2}(y_k - \bar{Y})(y_k - \bar{Y})'$；$V = \dfrac{1}{n_1 + n_2 - 2}(S_1 + S_2)$；$\bar{\mu} = \dfrac{1}{2}(\bar{X} + \bar{Y})$.

1. 描述问题

判别盐泉的钾性.

2. 描述输入和输出

输入：A 盆地含钾盐泉样本 X_1；B 盆地含钠盐泉样本 X_2；待判盐泉样本 X.

输出：判别系数矩阵 W；马氏距离 d；对 X_1 的回判结果 r_1，对 X_2 的回判结果 r_2；误判率 alpha，对 X 的判别结果 r.

3. 开发 MATLAB 程序

建立 M 文件 chap9_13.m，MATLAB 代码如下：

```
function [W,d,r1,r2,alpha,r] = chap9_13(X1,X2,X)
% 对两个协方差相等的样本 X1，X2 和给定的样本 X 进行距离判别分析
% W 是判别系数矩阵，前两个元素是判别系数，第三个元素是常数项
% d 是马氏距离，r1 是对 X1 的回判结果，r2 是对 X2 的回判结果
% alpha 是误判率，r 是对 X 的判别结果
miu1 = mean(X1,2);
miu2 = mean(X2,2);
miu = (miu1 + miu2)/2;
[m,n1] = size(X1);
[m,n2] = size(X2);
for i = 1:m
    ss1(i,:) = X1(i,:) - miu1(i);
    ss2(i,:) = X2(i,:) - miu2(i);
end
s1 = ss1 * ss1 ';
s2 = ss2 * ss2 ';
V = (s1 + s2)/(n1 + n2 - 2);
W(1:m) = inv(V) * (miu1 - miu2);
W(m + 1) = ( - miu)' * inv(V) * (miu1 - miu2);
d = (miu1 - miu2)' * inv(V) * (miu1 - miu2);
r1 = W(1:m) * X1 + W(m + 1);
r2 = W(1:m) * X2 + W(m + 1);
r1(r1 > 0) = 1;
r1(r1 < 0) = 2;
r2(r2 > 0) = 1;
r2(r2 < 0) = 2;
num1 = n1 - length(find(r1 == 1));
num2 = n2 - length(find(r2 == 2));
alpha = (num1 + num2)/(n1 + n2);
r = W(1:m) * X + W(m + 1);
r(r > 0) = 1;
r(r < 0) = 2;
end
```

程序运行结果：

```
>> load('X1. mat ')
>> load('X2. mat ')
>> load('X. mat ')
>> [W,d,r1,r2,alpha,r] = chap9_13(X1,X2,X)
```

```
W =
    0.5034    2.2353    -0.1862    0.1259    -15.4222
d =
    18.1458
r1 =
    1    1    1    1    1
r2 =
    2    2    2    2    2
alpha =
    0
r =
    1    1    1    2    2    1    1    1
```

4. 结果分析

从程序结果中可以看出，$W(X) = 0.5034x_1 + 2.2353x_2 - 0.1862x_3 + 0.1259x_4 - 15.4222$，回判结果对两个盆地的盐泉都判别正确，误判率为 0；对待判盐泉的判别结果为第 4、5 为含钠盐泉；其余都是含钾盐泉.

趣味实验

掷骰子

掷双骰子游戏，点数之和是几的概率最高？点数之和是几的概率最低？可以尝试编写 MATLAB 程序，计算各点数之和出现的概率分布.

参考程序如下，动手做一做吧！

建立 M 文件 chap9_14. m，MATLAB 代码如下：

趣味实验_掷骰子

```
num_trials = 100000;                    % 模拟掷骰子的次数
counts = zeros(1,13);                   % 初始化点数统计数组初始化点数统计数组
for i = 1:num_trials                    % 模拟掷骰子
    dice1 = randi(6);                   % 随机生成两个骰子的点数
    dice2 = randi(6);
    sum = dice1 + dice2;                % 计算点数之和
    counts(sum) = counts(sum) + 1;      % 统计点数出现次数
end
probabilities = counts / num_trials;    % 计算各点数的概率分布
bar(2:12, probabilities(2:12))          % 绘制图形
xlabel('点数')
ylabel('概率')
title('双骰子点数的概率分布')
% 在图形上显示概率数值
```

text(2:12, probabilities(2:12), num2str('probabilities(2:12)',...
'%0.4f'),'HorizontalAlignment', 'center', 'VerticalAlignment', 'bottom')

程序结果如图 9-19 所示:

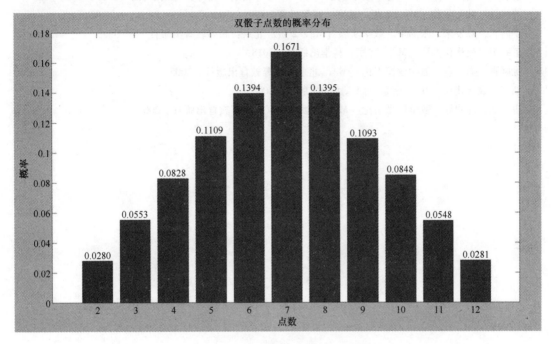

图 9-19　双骰子点数的概率分布图

参 考 文 献

［1］乐经良，向隆万，李世栋，等. 数学实验［M］. 2版. 北京：高等教育出版社，2011.

［2］姜启源，谢金星，叶俊，等. 数学模型［M］. 5版. 北京：高等教育出版社，2018.

［3］萧树铁. 数学实验［M］. 2版. 北京：高等教育出版社，2016.

［4］李尚志，陈发来，张韵华. 数学实验［M］. 2版. 北京：高等教育出版社，2010.

［5］王开荣. 最优化方法［M］. 北京：科学出版社，2018.

［6］阮晓青，周义仓. 数学建模引论［M］. 北京：高等教育出版社，2005.

［7］刘锋. 数学建模［M］. 南京：南京大学出版社，2005.

［8］唐焕文，驾明峰. 数学模型引论［M］. 3版. 北京：高等教育出版社，2005.